基于一般灰数的灰色关联决策模型及其应用研究

蒋诗泉 著

中国科学技术大学出版社

内 容 简 介

本书以灰色系统理论为基础,以灰色关联度模型及灰色关联决策模型为主线,将区间灰数推广到一般灰数,系统研究一般灰数下的灰色关联度模型及相应的决策模型。全书共9章,论述了灰色关联决策的基本理论和方法,主要内容包括绪论、一般灰数的运算与排序研究、基于面积的灰色关联决策模型研究、基于信息分解区间灰数的灰色关联决策模型研究、基于一般灰数的关联决策模型研究、基于面板数据的一般灰数的灰色关联决策模型研究、基于一般灰数的灰色动态关联决策模型研究、一般灰数的灰色关联决策模型在科技企业立项评估中的应用及总结、创新点与展望。

本书总结了作者长期从事灰色系统理论研究和教学过程中取得的成果,反映了灰色决策建模理论与方法的前沿动态,可作为高等院校经济学、管理学、系统工程、数学与应用数学等相关专业高年级本科生及研究生的教学用书,也可供政府部门、事业单位的科技工作者以及企业决策部门的有关人员参考。

图书在版编目(CIP)数据

基于一般灰数的灰色关联决策模型及其应用研究/蒋诗泉著. —合肥:中国科学技术大学出版社,2020.6

ISBN 978-7-312-04665-0

Ⅰ. 基…　Ⅱ. 蒋…　Ⅲ. 灰色决策—决策模型—研究　Ⅳ. N94

中国版本图书馆 CIP 数据核字(2019)第 051417 号

出版	中国科学技术大学出版社
	安徽省合肥市金寨路 96 号,230026
	http://press.ustc.edu.cn
	http://zgkxjsdxcbs.tmall.com
印刷	安徽国文彩印有限公司
发行	中国科学技术大学出版社
经销	全国新华书店
开本	710 mm×1000 mm　1/16
印张	10.5
字数	178 千
版次	2020 年 6 月第 1 版
印次	2020 年 6 月第 1 次印刷
定价	42.00 元

前　　言

　　决策分析是一门与经济学、管理学、数学、系统工程等密切相关的交叉科学。它的研究对象是决策问题,研究目的是帮助决策者提高决策的精准度和经济效益,减少决策失误造成的时间和成本损失。在运筹学、管理科学、信息科学和系统工程等研究领域,由于各种原因存在着大量的复杂性和不确定性问题,这些不确定性表现多样,近年来有关不确定信息下的决策方法引起了很多学者的关注,研究成果也越来越丰富。

　　灰色决策利用研究对象"部分信息已知,部分信息未知"的"小数据""贫信息",通过对部分已知信息进行生成、开发,实现对研究对象的确切描述和认识,进而对未来的行动做出科学的决策。

　　灰色关联决策模型是灰色决策理论体系的一个重要分支,也是灰色系统理论的重要组成部分,广泛应用于社会、经济、管理、工程等领域。灰色关联决策理论研究相对成熟,近几年研究成果较为丰富,但是从学科发展和其他决策理论的发展角度来看,其仍存在向纵深拓展的研究空间。特别是随着大数据技术的发展,能提供的信息量非常大,能提供信息的来源也非常多,数据信息结构越来越复杂,这就使得决策信息表现出复杂性和不确定性。本书采用一般灰数表征决策信息的复杂性和不确定性,基于一般灰数信息对灰色关联决策模型进行了系统性的研究,把灰色关联决策模型按照其建模对象从实数到区间灰数再到一般灰数进行拓展;同时从一维一般灰数拓展到面板数据类型再到多维数据序列,拓宽灰色关联决策模型的研究深度,拓展该方法的应用范围。

　　本书研究内容如下:

　　(1) 一般灰数排序方法、距离测度问题的研究。根据一般灰数的本质思想,依照决策信息的复杂性和对决策信息表达的精确性要求,提出了一般灰数的核期望与核方差概念,进而给出基于核期望与核方差的一般灰数排序方法。基于核与灰度的本质内涵以及欧式距离的本质特征,提出了一般灰数的距离测度公式,并研究其性质,使其距离测度更具一般性和普适性。

（2）基于面积的灰色关联决策模型研究。针对经典灰色关联度模型的不足，一方面，从两序列折线相邻点间多边形面积的角度去度量不同序列之间的关联性，用多边形面积作为关联系数既能够较为全面地反映指标之间的相互影响，又能够准确反映两个序列曲线之间在距离上的接近程度和几何上的相似程度；另一方面，利用大数定律原理和矩估计原理，结合组优化理论，构建基于矩估计理论的组合权重优化模型，以及基于"功能驱动"和"差异驱动"并结合灰色关联度模型，构建指标权重确定模型。综合以上两个方面构建了"灰色关联的相对贴近度决策模型"。

（3）基于信息分解的区间灰数的灰色关联决策模型研究。在决策信息不丢失的前提下，利用信息分解的方法将区间灰数分解成实数型的"白部"和"灰部"，相应地将区间灰数序列分解成相应的实数型"白部序列"和"灰部序列"。另外，考虑变换的一致性，构建了一致性系数模型；将关联度模型、投影决策模型和一致性系数模型进行融合集成，构建了基于信息分解的区间灰数的灰色关联决策模型和基于信息分解的区间灰数一致性投影决策模型。

（4）基于一般灰数的关联决策模型研究。由于系统发展演化的复杂性，其不确定性表现得越来越普遍，很难用一个实数或一个区间灰数准确地描述系统发展和演化的特征。为了准确描述系统的特征，一般灰数的概念被提出。基于核与灰度的思想，提出一般灰色关联度模型、一般灰数的绝对和相对关联度模型以及一般灰数的相似性和接近性关联度模型及其相应的决策模型。

（5）基于一般灰数的灰色动态关联决策模型。针对方案动态发展趋势的决策选优的问题，将整个决策过程看成是一个多阶段（三阶段）的决策过程，即静态、半动态和动态三个阶段。首先，给出三个状态下的理想效果向量；其次，构建每一阶段的绝对关联度和相对关联度；最后，构建三阶段相对关联度、绝对关联度以及综合关联度模型。由于它是动态的过程，所以决策的精度主要取决于预测精度的提高。为此，从灰色预测模型的背景值及灰色预测模型的本身对预测模型进行了改进，主要研究 GM(1,1)模型背景值的优化改进模型，改进了灰色包络带预测模型，引入时变参数构建了三次时变参数的离散灰色预测模型。

（6）基于面板数据的一般灰数的灰色关联决策模型研究。将已经构建的一般灰数关联决策模型推广到面板数据的情形，一方面，基于灰色折线的斜率、灰色折线之间所夹面积的角度，测度两条灰色折线之间的相似性和接近性，研究了面板数据中的数据类型为一般灰数时(简称灰色面板数据)的灰色接近性与相似关联决策模型；另一方面，根据一般灰数的距离测度，构造两个折线对应点之间的距离计算公式，将邓氏关联度模型推广到灰色面板数据的情形，构建基于时间的灰色面板数据关联度模型及其决策算法。

（7）一般灰数关联决策模型在科技企业项目遴选立项中的应用研究。针对科技项目遴选立项的特点,构建了项目遴选综合评价指标体系,利用一般灰数的广义关联决策模型,分别计算其与正、负理想方案的关联度,并构建相对关联贴近度模型对三个科技项目进行综合评价和排序决策。

　　本书的出版得到了安徽省哲学社会科学规划项目基金（AHSKY2016D27）、安徽省高校人文社科重点项目基金（SK2015A537）、铜陵市软课题项目基金（SKYT2016-19、SKYT2017-19）的资助,也得到了很多领导和老师的支持,在此一并表示感谢。衷心感谢 IEEE 灰色系统委员会主席、中国优选法统筹法与经济数学研究会副理事长兼灰色系统专业委员会理事长、南京航空航天大学博士生导师刘思峰教授在本书成书及笔者博士求学期间给予的多方面指导。

　　由于笔者水平有限,书中存在缺点与不足之处在所难免,殷切期望有关专家和广大读者批评指正。

蒋诗泉

2020 年 2 月

目　　录

前言 ……………………………………………………………………………（ⅰ）

第1章　绪论 ………………………………………………………………（ 1 ）

1.1　研究背景及意义 ………………………………………………………（ 1 ）

1.2　国内外研究现状和发展趋势 …………………………………………（ 2 ）

　　1.2.1　决策信息为区间灰数时信息处理问题的研究现状 …………（ 3 ）

　　1.2.2　灰色关联度模型的构建现状 …………………………………（ 4 ）

　　1.2.3　灰色关联理论的拓展现状 ……………………………………（ 6 ）

　　1.2.4　灰色关联决策理论及应用研究现状 …………………………（ 7 ）

1.3　研究内容、研究方法与技术路线 ……………………………………（10）

　　1.3.1　研究内容 ………………………………………………………（10）

　　1.3.2　研究方法与技术路线 …………………………………………（13）

1.4　本章小结 ………………………………………………………………（13）

第2章　一般灰数的运算与排序研究 …………………………………（15）

2.1　引言 ……………………………………………………………………（15）

2.2　一般灰数的基本概念与定义 …………………………………………（16）

2.3　一般灰数的距离测度 …………………………………………………（19）

2.4　一般灰数的排序方法研究 ……………………………………………（21）

　　2.4.1　一般灰数的核期望与核方差排序方法 ………………………（21）

　　2.4.2　一般灰数的核期望与核方差排序同相对核与精确度
　　　　　排序的一致性 …………………………………………………（21）

　　2.4.3　算例分析 ………………………………………………………（23）

2.5　本章小结 ………………………………………………………………（25）

第3章　基于面积的灰色关联决策模型研究 …………………………（26）

3.1　引言 ……………………………………………………………………（26）

3.2　灰色关联决策模型 ……………………………………………………（27）

　　3.2.1　灰色关联决策理论 ……………………………………………（27）
　　3.2.2　灰色关联决策信息的规范化 …………………………………（28）
　3.3　基于面积的灰色关联决策模型 ………………………………………（30）
　　3.3.1　基于面积的灰色关联度 ………………………………………（30）
　　3.3.2　基于矩估计理论的组合权重优化模型 ………………………（32）
　　3.3.3　基于面积的灰色关联决策算法步骤 …………………………（34）
　　3.3.4　算例分析 ………………………………………………………（35）
　3.4　基于"功能驱动"和"差异驱动"原理的灰色关联贴近度决策方法 …（38）
　　3.4.1　基于 AHP 和 DEA 的权重确定 ………………………………（39）
　　3.4.2　基于面积的灰色关联贴近度模型构建 ………………………（40）
　　3.4.3　实例分析 ………………………………………………………（46）
　3.5　本章小结 ………………………………………………………………（50）

第4章　基于信息分解区间灰数的灰色关联决策模型研究 ………………（51）
　4.1　引言 ……………………………………………………………………（51）
　4.2　基于信息分解的区间灰数关联决策模型 ……………………………（52）
　　4.2.1　基本概念 ………………………………………………………（52）
　　4.2.2　信息分解下区间灰数的白化序列性质 ………………………（54）
　　4.2.3　基于信息分解的区间灰数的关联一致性决策模型构建 ………（55）
　　4.2.4　基于信息分解的区间灰数关联一致性决策算法步骤 …………（57）
　　4.2.5　算例分析 ………………………………………………………（58）
　　4.2.6　结语 ……………………………………………………………（61）
　4.3　基于信息分解的区间灰数一致性投影决策模型 ……………………（61）
　　4.3.1　基本概念和理论 ………………………………………………（62）
　　4.3.2　基于信息分解的双向投影决策算法步骤 ……………………（64）
　　4.3.3　算例分析 ………………………………………………………（65）
　4.4　本章小结 ………………………………………………………………（68）

第5章　基于一般灰数的关联决策模型研究 ………………………………（70）
　5.1　引言 ……………………………………………………………………（70）
　5.2　基于一般灰数的灰色分析关联度模型 ………………………………（71）
　　5.2.1　基于一般灰数的关联度模型构建 ……………………………（71）
　　5.2.2　基于一般灰数的广义关联度模型构建 ………………………（72）
　5.3　基于一般灰数的关联决策模型构建与步骤 …………………………（74）
　5.4　案例分析 ………………………………………………………………（75）
　5.5　本章小结 ………………………………………………………………（77）

第6章　基于面板数据的一般灰数的灰色关联决策模型研究 ⋯⋯⋯⋯（78）

6.1　引言 ⋯⋯⋯⋯⋯⋯⋯⋯⋯⋯⋯⋯⋯⋯⋯⋯⋯⋯⋯⋯⋯⋯⋯（78）

6.2　灰色面板数据关联度模型的理论基础 ⋯⋯⋯⋯⋯⋯⋯⋯⋯⋯（79）

6.3　灰色面板数据相似性和接近性关联度模型构建 ⋯⋯⋯⋯⋯（80）

　6.3.1　灰色面板数据相似性关联度模型 ⋯⋯⋯⋯⋯⋯⋯⋯（80）

　6.3.2　灰色面板数据接近性关联度模型 ⋯⋯⋯⋯⋯⋯⋯⋯（82）

　6.3.3　算例分析 ⋯⋯⋯⋯⋯⋯⋯⋯⋯⋯⋯⋯⋯⋯⋯⋯⋯⋯（84）

　6.3.4　结语 ⋯⋯⋯⋯⋯⋯⋯⋯⋯⋯⋯⋯⋯⋯⋯⋯⋯⋯⋯⋯（86）

6.4　灰色面板数据的关联决策评价模型拓展及应用 ⋯⋯⋯⋯（86）

　6.4.1　灰色面板数据的矩阵表示 ⋯⋯⋯⋯⋯⋯⋯⋯⋯⋯⋯（87）

　6.4.2　灰色矩阵数据规范化算子 ⋯⋯⋯⋯⋯⋯⋯⋯⋯⋯⋯（87）

　6.4.3　基于一般灰数的面板数据关联度模型构建 ⋯⋯⋯⋯（88）

　6.4.4　基于灰色面板数据的关联度决策算法步骤 ⋯⋯⋯⋯（89）

　6.4.5　案例分析 ⋯⋯⋯⋯⋯⋯⋯⋯⋯⋯⋯⋯⋯⋯⋯⋯⋯⋯（90）

　6.4.6　结语 ⋯⋯⋯⋯⋯⋯⋯⋯⋯⋯⋯⋯⋯⋯⋯⋯⋯⋯⋯⋯（92）

6.5　本章小结 ⋯⋯⋯⋯⋯⋯⋯⋯⋯⋯⋯⋯⋯⋯⋯⋯⋯⋯⋯⋯（93）

第7章　基于一般灰数的灰色动态关联决策模型研究 ⋯⋯⋯⋯（94）

7.1　灰色动态关联决策的基本概念与模型 ⋯⋯⋯⋯⋯⋯⋯⋯（94）

　7.1.1　灰色动态关联决策的基本理论 ⋯⋯⋯⋯⋯⋯⋯⋯⋯（94）

　7.1.2　多阶段灰色动态关联决策模型构建 ⋯⋯⋯⋯⋯⋯⋯（96）

　7.1.3　基于一般灰数的多阶段灰色动态关联决策步骤 ⋯⋯（98）

7.2　基于一般灰数的多阶段灰色动态关联决策模型改进 ⋯⋯（99）

　7.2.1　基于复化梯形公式的背景值优化模型研究 ⋯⋯⋯⋯（99）

　7.2.2　传统灰色模型的建模机理及其误差分析 ⋯⋯⋯⋯（100）

　7.2.3　GM(1,1)模型背景值优化方法研究 ⋯⋯⋯⋯⋯⋯（101）

　7.2.4　利用优化的背景值进行预测的步骤 ⋯⋯⋯⋯⋯⋯（104）

　7.2.5　算例分析 ⋯⋯⋯⋯⋯⋯⋯⋯⋯⋯⋯⋯⋯⋯⋯⋯⋯（104）

7.3　基于回归方法的灰色包络带预测模型改进 ⋯⋯⋯⋯⋯（106）

　7.3.1　基本概念 ⋯⋯⋯⋯⋯⋯⋯⋯⋯⋯⋯⋯⋯⋯⋯⋯⋯（107）

　7.3.2　模型构建 ⋯⋯⋯⋯⋯⋯⋯⋯⋯⋯⋯⋯⋯⋯⋯⋯⋯（109）

　7.3.3　算例分析 ⋯⋯⋯⋯⋯⋯⋯⋯⋯⋯⋯⋯⋯⋯⋯⋯⋯（110）

7.4　三次时变参数离散灰色预测模型及其性质研究 ⋯⋯⋯（114）

　7.4.1　三次时变参数离散灰色模型 ⋯⋯⋯⋯⋯⋯⋯⋯⋯（115）

　7.4.2　CDGM(1,1)模型性质研究 ⋯⋯⋯⋯⋯⋯⋯⋯⋯（119）

　7.4.3　模型的迭代基值优化 ⋯⋯⋯⋯⋯⋯⋯⋯⋯⋯⋯⋯（123）

　　　7.4.4　算例分析 ·· (125)

　　　7.4.5　结语 ·· (126)

　　7.5　本章小结 ·· (127)

第8章　一般灰数的灰色关联决策模型在科技企业立项评估中的应用 ······ (128)

　　8.1　研究背景 ·· (128)

　　8.2　项目遴选评价指标体系的构建 ···································· (129)

　　8.3　科技立项遴选评价过程 ·· (130)

　　　8.3.1　科技立项遴选评价过程的相关说明 ························ (130)

　　　8.3.2　科技立项遴选评价步骤 ·································· (131)

　　8.4　本章小结 ·· (138)

第9章　总结、创新点与展望 ·· (140)

　　9.1　总结 ·· (140)

　　9.2　创新点 ·· (143)

　　9.3　展望 ·· (143)

参考文献 ·· (145)

第1章 绪 论

1.1 研究背景及意义

科学管理的创始人之一 H. A. Simon 提出"管理就是决策"。决策是人们为了达到某种目的或完成某种任务而进行的有意识、有选择的行动过程,狭义的决策就是从一组备选方案中选择所偏爱的方案的过程。随着科学技术的不断进步和互联网技术的飞速发展,决策环境变得越来越复杂,人们对客观事物的认识逐渐向着更为复杂、更为多样的方向发展,收集到的决策信息变得越来越不清晰,事物的发展演变也变得越来越不确定,这使得不确定性决策成为主流趋势,各种关于不确定性的理论随之产生。1982 年,中国学者邓聚龙教授发表的论文 *The Control Problems of Grey Systems* 标志着灰色系统理论应运而生,它以"部分信息已知,部分信息未知"的"少数据""贫信息"的不确定性系统为主要研究对象,通过对部分已知信息的生成、开发,提取有价值的信息,实现对系统的正确描述。[1-3]灰色决策理论与方法是现代决策理论与方法的一个重要分支,由于对数据没有特殊的要求和限制,它广泛地应用于社会、经济、管理、军事和工程等诸多领域。灰色决策理论在其发展的过程中,已经形成了包括灰色关联决策模型、灰色局势决策模型、灰靶决策模型、灰色层次决策模型、灰色规划决策模型、灰色发展决策模型以及灰色聚类决策模型等在内的理论方法体系,并成为灰色系统理论的一个重要组成部分。灰色关联决策模型由邓聚龙教授首次提出,是在决策信息含有灰元的条件下,在多个对策、多个目标情况下选择最优决策的一种方法。该模型一经提出,就在供应商选择、企业管理水平评价、企业财务评价、方案选优、物流中心选址等方面得到了广泛的运用。

现实决策问题中,由于事物发展演化的不确定性、所处环境的复杂多变性及获取的信息的庞杂和不确定性,常常用区间灰数、三参数区间灰数,甚至四个参数来表示区间灰数,而不是用精确的数字来刻画不确定的决策信息,这也更加细致、真实地反映了决策者的行为,同时更加符合现实的决策状况。因此,探讨基于灰色信息的动态发展的灰色关联决策方法既有理论意义,又有实用价值。随着决策模型应用领域越来越复杂、越来越广泛,不确定性信息越来越多地呈现出不同的表现形式,灰色决策方法与其他不确定性学科、行为科学、心理科学的交叉引起了众多学者的关注与研究。因此,基于灰色信息的多维灰色关联决策成为灰色系统理论、不确定性决策问题的重要内容,值得深入探讨与研究。

目前,国内外专家、学者对灰色关联决策模型的理论和方法进行了研究并取得了很多阶段性成果,对决策信息为区间灰数的灰色关联决策模型也进行了有意义的探索,但研究缺乏系统的理论体系,方法多样,尤其是对灰色关联度模型的构造方法很多,没有统一的范式,关于灰色关联度模型的检验准则和具体的量化标准需要进一步深入分析。刘思峰教授提出"将基于定积分用于序列数据分析和基于二重积分用于矩阵数据分析的模型拓展到基于多重积分用于解决矩阵序列和高维场数据分析问题的模型,是一个很有价值的研究"。

结合多学科知识,如灰色系统、运筹学、统计学、熵理论、信息融合技术等,系统研究基于灰色信息下的多维灰色关联决策方法体系,必将使得灰色系统理论、不确定性决策理论得到进一步的丰富和完善。

1.2　国内外研究现状和发展趋势

灰色决策是在决策模型中含有灰元或一般决策模型与灰色模型相结合的情况下进行的决策。灰色决策理论与方法是现代决策理论与方法的一个重要分支,其广泛应用于社会、经济、管理、军事和工程等诸多领域,比如工程方案的选择、人力资源绩效评估、军事装备性能综合评价、企业管理水平评价、企业经济效益评价、企业顾客满意度评价、企业竞争力评价等等。长期以来,国内外众多学者对灰色关联分析理论进行了深入的探讨,通过对序列关联度模型构造、模型适用范围拓广、关联度模型性质研究、关联度模型应用四个方面的持续探讨和研究,逐步形成了较为完整的理论体系和模型工具群。本书主要研究含有灰元信息的一般灰数的灰色关联决策模型,主要涉及灰色关联度模型、灰色关联决策理论和一般灰数运算等相关理论,下面对相关领域的国内外研究现状进行介绍。

1.2.1　决策信息为区间灰数时信息处理问题的研究现状

区间灰数的运算、区间灰数的排序和区间灰数的距离是灰色系统理论的重要理论基础,长期受到学术界关注。[4-10]区间灰数对灰色多属性决策起着至关重要的作用,直接影响决策的精度和准确度。方志耕教授通过定义标准区间灰数的概念,设计了普通区间灰数与标准区间灰数之间的转换规则,提供了标准区间灰数之间的比较与运算法则,解决了几类特殊情况下区间灰数之间的大小比较与运算问题。[5]谢乃明教授给出了在已知区间灰数分布的条件下,对区间灰数进行排序的方法,但是该方法的前提是已知分布信息,因此,该方法一般意义欠缺。[7]另外,也有学者从几何的角度对区间灰数大小进行了比较。刘思峰教授提出了标准灰数、灰数的核和灰度的概念,建立了区间灰数的运算公理、运算法则和新的灰代数系统。[10]文献[11]以核与灰度的概念为基础,提出了精确度和相对核的概念,进而给出了区间灰数的排序方法。文献[12]～[15]研究了区间灰数的距离测度问题,但是到目前为止对区间灰数的距离计算仍不是很完善,很多时候计算的结果与实际情况差别较大。也有学者从概率角度去研究区间灰数的排序问题,文献[16]给出了可能度公理,提出了一种区间数综合排序的新方法,并证明了用该方法对区间数进行综合排序,其排序结果具有保序性。另外,通过构建区间灰数与实数间大小比较的点可能度函数,并在区间上对点可能度函数进行积分,给出了两个区间灰数间在六种不同位置关系下大小比较的可能度函数表达式,并对连续性区间灰数进行了排序。[17]为了更为准确地描述信息,有学者提出了三参数区间数的概念,相比实数和区间数覆盖信息更加全面。[18]随后,又有学者给出了三参数区间数的代数运算法则、标准化方法、加权几何集成算子等。[19-20]在此基础上,文献[21]定义了三参数区间值模糊值,提出了其运算关系和距离定义,进而定义了三参数区间灰数[22],并提出了三参数区间灰数的灰色关联决策、灰靶决策方法。[23]也有学者从风险偏好的角度对区间灰数进行了排序。[24]有学者针对实际问题中运用多种数据类型表达信息,提出了多类型灰数,并讨论了多类型标准灰数的运算问题。[25]为了准确地表达复杂不确定信息,刘思峰教授提出了一般灰数的概念,用以表达各种类型的数据,力求数据表达的统一性。在此基础上,有学者给出了扩展的一般灰数、核期望与核方差等概念,并由此给出了一般灰数的距离测度与排序方法。[26-27]

1.2.2　灰色关联度模型的构建现状

灰色关联度模型是灰色系统理论体系的核心内容之一,也是灰色关联决策的理论基石,是分析不确定性系统的一个重要工具。自邓聚龙教授提出该类模型后,它得到了迅速的发展和广泛的应用。灰色关联度模型的基本思想是根据数据序列曲线几何形状的相似程度来比较判断不同序列之间的关系是否紧密。其基本思路是通过线性插值的方法将系统因素的离散行为观测值转化为分段连续的折线,进而根据折线的几何特征构造测度关联程度的模型。其几何意义是折线之间的几何形状越相近或相似,相应序列之间的关联程度越大,反之就越小。灰色关联度模型的构建思路是:首先选取不同的视角去刻画和测度曲线序列的相似性和接近性特征,然后给出这种特征角度的数量测度模型,如增量、凹凸性、斜率、面积、体积、距离等特征指标,进而构造关联度函数。根据从不同视角提取的特征,灰色关联度模型又可分为接近性模型、相似性模型和综合关联度模型三类模型。

邓氏一般关联度模型和三类绝对关联度模型是灰色接近性关联度模型的代表。邓聚龙教授从欧式距离的角度研究系统的关联接近性,并根据点关联系数构造经典灰色关联度[28],按照该研究思路相继提出了一系列关联分析模型,文献[29]～[30]将贴近度与灰关联集成,通过贴近度来表征两个因素对应点的接近性,进而构造了一种欧几里得关联度模型;同时通过定义序列各点距离的上、下确界,又构建了一种新的灰色关联模型。另外,一些学者将其他一些方法引入关联度模型,比如将综合投影法、投影寻踪法、航迹法、熵权法、分辨系数[31]、变异系数[32]、广义权距离[33]引入关联度模型构建了改进的关联度模型。也有学者利用范数定义序列之间的关联系数,提出了正负理想比较序列的概念。[34-35]

灰色绝对关联度模型也是灰色接近性关联度模型的另外一种类型,这类模型改变了接近性测度的方法,拟以面积差或模式距离来测度关联度,基于定积分的理论背景,通过定积分计算两折线间所围成的面积,构造一类广义的绝对关联度、相对关联度和综合关联度。[36]基于这种研究路径,有学者将其推广到二维和三维情形,甚至多维情形,得到三维灰色绝对关联度模型和多维灰色绝对关联度模型。[37-41]之后将等时距序列推广到非等时距序列,通过对始点零化像和初值像之间的关系以及范数的研究,给出广义灰色绝对关联度与相对关联度及指标权重的简便计算方法。[42-43]

相似性关联度模型通常以时间序列对应曲线的某一特征量作为变量,并以此变量描述系统因素的几何形状和发展规律,然后基于欧式距离、模糊距离等角度去测度该特征量,进而构造关联系数模型。其基本思路是沿袭邓式关联度基本思想并对其进行改进,如张岐山教授通过引入灰关联熵对邓式关联度模型进行改进,提出了灰关联熵分析方法。也有学者通过引入贴近度来测度各点的相似性。总之,相似关联度模型最有代表性的有:王清印教授从总位移差、总速度差、总加速度差三个角度测度相似性和接近性,提出了 B 型关联度和 C 型关联度[44-45],按照这个改进路径,又有学者提出了凸关联度[46]、面积关联度[47]。唐五湘通过定义序列各段折线的增量与总增量之比的构成比和构成差概念,提出了 T 型关联度。[48]党耀国、孙玉刚给出了 T 型关联度的改进模型。[49]党耀国从直线倾斜角和斜率的角度提出了一类斜率关联度模型及其改进的斜率关联度模型。[50-51]肖新平从正、负相关性的角度构造了一种关联度分析模型。[52]有学者从两序列比值的偏离程度,提出了灰色相似关联度模型。[53]文献[54]~[55]分别在经典关联度的基础上基于不同的视角引入了不同类型关联度及其改进的形式,为灰色关联决策方法奠定了理论基础。研究过程从点关联系数的灰色关联度模型到全局视域的广义关联度模型、从接近性视角到基于相似性和接近性视角构造了灰色关联模型[56],研究对象也从曲线间的关系拓展到曲面关系,再到空间立体关系,乃至 n 维空间关系的关联度分析模型。[57-58]文献[59]将向量空间的关联度模型拓展到矩阵空间,进而提出了基于面板数据的灰色关联度模型及其性质。文献[60]利用线段在空间中的斜率,构建了灰色网格关联度模型。文献[61]研究了面板数据的相似性和接近性关联度模型。

1.2.3　灰色关联理论的拓展现状

灰色关联理论的拓展主要体现在两方面的研究上:一方面是基于维度空间变化角度研究灰色关联度模型,并对关联公理等概念进行修正;另一方面是关联度模型建模对象的拓展,将传统实数序列的关联度拓展为区间灰数、一般灰数、向量序列关联度等。在理论拓展方面:有的学者通过引入灰熵概念,对传统关联度模型进行改进。[62]也有学者研究了分辨系数与关联度的关系,研究基于分辨系数的取值在不同的系统观测信息下对关联度的影响,提出了分辨系数取值的一般准则。[63-64]陈华友提出灰色关联的完全相似性,通过灰关联映射定义了接近性、对称性和规范性概念,在此基础上定义了灰关联空间并构造了一种新的灰色关联度计算公式。[65]有学者通过定义映射关联度将线性相关和灰色关联度进行统一,证明灰色关联是一种保比关联。[66]桂预风将灰色关联度的定义推广到抽象空间,定义了一般距离空间与一般赋范线性空间的灰色关联度,提出基于张量和矢量序列的灰色关联度模型及其计算公式。[67]在模型的建模对象拓展方面:谭学瑞依照灰色关联度建模的基本思想提出了三级极大距离,建立了多元关联度模型。[68]谢乃明采用区间灰数表征不确定信息,并将灰元信息划分成白部和灰部,在此基础上给出了基于灰数信息的广义关联度模型。[69]蒋诗泉利用信息分解原理将区间灰数分解为等信息浓度白部序列和灰部序列,然后构建基于信息分解的灰色关联度模型。[70]党耀国通过定义区间数距离的概念将传统灰关联度拓广到区间数,提出区间数关联度模型。[71]为了解决一般灰数关联度模型的缺失,蒋诗泉基于核与灰度的基本思想以及广义灰色关联度的研究路径,提出了基于一般灰数的灰色广义关联度模型、基于一般灰数的灰色面板数据的灰色关联度模型。[72-73]有学者从当序列仅受周期因素影响而产生扰动这一实际出发,提出了灰色周期关联度模型,并证明该模型不受振幅影响,只与周期相关。[74]另外,刘思峰、谢乃明、崔杰、周秀文等对关联度模型的性质进行了研究,提出了关联度模型的一致性、平行性、仿射特性和仿射变换保序性概念,并对现有的十余种关联度模型的性质进行了研究,对灰色关联理论的完善和模型的构造具有重要的意义。[75-79]

1.2.4　灰色关联决策理论及应用研究现状

灰色关联决策是灰色决策的重要组成部分,它是以灰色关联理论为基础的系统决策方法。近年来相关研究成果丰硕。罗党给出了灰色关联决策的基本原理和方法,该方法只考虑与理想最优效果向量的关联度,运用极大熵准则,对不完备信息系统下的灰色关联决策进行了研究,提出了最大关联度和最小关联度以及同时考虑理想方案和临界方案的综合关联度的决策模型,且在决策模型中引入了灰数,克服了传统灰色关联决策局限于清晰数的情况。[80-82]另外,基于三参数区间灰数的定义构建了关联系数计算公式,并结合该公式给出了灰色区间综合关联度的方法。文献[83]针对信息安全评估中参数的不确定性,提出了一种灰色关联决策算法。文献[84]从决策方案属性值为区间灰数、属性权重不清晰且决策者对方案有偏好的视角,构建了基于区间灰数相离度的关联系数计算公式,并由该公式给出了灰色关联决策模型。

文献[85]将灰色关联度法与理想解法进行集成,构建了一种相对贴近度的决策方法。文献[86]提出了一种基于 AHP 和 DEA 的非均一化灰色关联决策方法,该方法综合了 AHP、DEA、灰色关联三种方法的优点。钱吴永根据新信息优先原理和差异驱动原理,基于矩阵范数的时序权重确定方法,构建了均值关联度的动态多指标决策模型。[87]王正新从累积前景理论角度考虑决策者风险态度对多指标决策的影响,提出了一种基于累积前景理论的多指标灰色关联决策方法。[88]文献[89]构造了区间灰数加减逆运算的信息还原算子,据此提出了基于信息还原算子的区间灰数序列关联度的计算方法,并建立了多指标区间灰数关联决策模型。文献[90]借鉴 DEA 交叉评价思想,构建了不完全信息下的灰色关联决策模型。蒋诗泉基于“差异驱动”和“功能驱动”原理并结合贴近度思想,提出了灰色关联贴近度决策模型。[91]

决策信息为区间灰数的决策问题,一直是灰色决策的重要研究内容。王霞通过定义区间灰数灰度的离散 Choquet 积分,根据方案属性方差最小原则建立了优化模型,提出了 Choquet 积分的区间灰数多属性决策方法。[92]蒋诗泉从信息分解和双向投影角度构建了基于信息分解的区间灰数一致性投影决策模型。[93]也有学者对区间灰数之间的距离计算方法进行了研究,通过比较各指标与靶心连线所围成图形面积的大小进行方案优劣排序,该方法能够有效地弱化极端指标值对决策的影响。指标值为区间灰数的灰色关联决策模型研究成果颇为丰富。杨保华从相似性和接近性的视角,通过构造区间灰数加减逆运算信息还原算子研究了灰色决策模型。[94]曾波建立基于空间映射的区间灰数序列几何表征体系,将区间灰数序列转成实数序列,进而构建了灰数关联决策模型。[95]文献[96]~[99]对区间灰数及其关联度模型进行了研究。

灰色关联决策模型是应用非常广泛的一个分支,它广泛应用于经济、管理、金融、工程科技等领域。文献[100]利用灰色关联方法对航空产业集群创新能力进行了综合评价。文献[101]利用灰色关联投影法研究了直觉梯形模糊数的决策问题。文献[102]利用灰色关联分析影响农业总产值的投入分析。文献[103]将灰色关联分析与主成分分析相结合对中国乳制品质量的影响因素进行了分析。文献[104]针对农民工就业匹配问题,利用灰色关联分析构建了农民工城镇就业匹配模型。文献[105]~[106]分别利用灰色关联对图像字幕和视频字幕质量进行了综合评价,对中国 A 股市场 IPO 的定价影响因素进行了分析。这类研究非常多,给企业、政府和社会相关部门带来了很大的经济效益。

以上研究成果为灰色不确定信息下的灰色关联决策模型及其决策问题的研究打下了坚实的基础,其中呈现出的如下特点值得关注:

(1) 灰色关联度模型构建及理论拓展方面存在的问题

首先,现有关联分析模型仅限于因素行为序列的相关性分析且维度较低,对于大数据多元序列的灰色关联度理论的研究有所缺失。其次,目前很多研究关联分析模型仍然采用单一指标考察因素之间的相近性或相似性关系,多指标综合考虑相近性与相似性的模型相对较少,特别是已有的综合分析也只是对模型的结果进行简单的集成,很难体现相关因素的有机"综合与合成"。最后,模型虽然多样,但是缺乏统一范式和选择的标准,特别是对具体问题如何选择模型难以抉择且不同关联度模型得出的结论往往差别较大。

现有的模型扩展研究缺乏系统和完整的对因素之间几何意义和几何特征的描述。虽然研究对象从实数序列拓展到区间灰数序列,再到向量空间序列,但均未系统描述因素发展的几何特征,没有系统和完整地体现"几何形状越接近,关联程度越大"的关联分析原理。同时现有的拓展研究主要采用区间数距离、灰数距离、向量范数等测度构造模型,而且信息的复杂性和不确定性的广泛存在同信息表示精确性要求的矛盾,使研究对象的拓展有其局限性。另外,目前对关联度模型的拓展主要还是基于接近性方面对邓氏关联分析模型进行理论拓展,而相似性和综合关联分析模型在高维数据中的拓展严重缺失,到目前为止,虽然在此方面有所研究,但是还没有真正形成系统的高维关联度模型框架和体系。

(2) 灰色关联决策模型存在的问题

目前灰色关联决策模型绝大多数仅适用于一维时间实序列分析和识别,而对于多元时间序列、面板数据、矩阵数据、矩阵序列等二维、三维乃至高维场数据的灰色关联决策模型的研究欠缺;特别地,对数据类型为区间灰数的关联决策研究得较少,对高维场数据类型中含有灰元的决策模型几乎没有涉及。在动态多属性决策、面板数据关联聚类分析、多元时间序列相似性度量等领域中直接应用序列关联决策模型不仅过程繁琐,而且效果难以达到要求,因此迫切需要构造适用于多维对象的关联决策模型来进行问题分析与决策。事物都是动态发展的,而现有的关联决策模型都是静态模型,几乎没有考虑到对象的发展性,也就是说现有的关联决策模型都有一定的滞后性,而决策必须要用发展的眼光去做出决断,使其符合事物的发展规律,因此,研究发展性关联决策模型尤为重要。

(3) 灰色关联决策模型研究对象方面存在的问题

首先,由于事物演化的不确定性、决策环境的复杂多变性及数据的庞杂性等,决策信息绝大多数都具有灰色不确定性,而现有的灰色关联决策模型及拓展模型的研究对象几乎都是实数。由于系统发展演化的复杂性,其不确定性表现得越来越普遍,很难用一个实数或一个区间灰数准确地描述系统发展和演化的特征,为了准确描述系统的特征,刘思峰教授提出了一般灰数的概念。因此,研究一般灰数的绝对和相对关联度模型、相似性和接近性关联度模型及其相应的决策模型也是重中之重。同时,目前对区间灰数的代数系统研究成果还不完善,现有的模型对决策信息为区间灰数的计算精度都不高,因此,必须要构建适合决策对象为区间灰数的灰色关联决策模型。灰色关联决策模型不断涌现和发展,但新模型的性质研究相对滞后,一般灰数关联决策模型、矩阵序列关联决策模型的关联公理缺乏。由于关联公理和性质的缺失,导致在拓展关联决策模型时,缺乏系统指导;同时拓展模型、一般灰数的关联度模型及高维度模型的性质研究属于空白,各类拓展决策模型的性质是否良好、不同模型的优劣、不同模型的适用范围等均成为迫切需要解决的问题。

综上所述,在不确定性环境下结合行为科学、心理科学等交叉学科来研究灰色关联决策模型,特别是研究基于一般灰数关联分析模型的理论与应用,丰富和完善了灰色关联决策理论体系,拓宽了其适用范围,具有一定的理论意义和实用价值。

1.3　研究内容、研究方法与技术路线

1.3.1　研究内容

本书以决策信息为区间灰数、一般灰数的运算及其相应的灰色关联决策模型,基于方案发展的灰色关联决策模型为研究内容,以决策信息从实数到区间灰数再到一般灰数以及从一维到多维为逻辑线索进行拓展研究。拟构建灰数及一般灰数的代数运算体系,构建灰色关联模型及决策模型的理论体系。本书共分9章,其中第1章为绪论,第9章为总结、创新点与展望,其余7章为本书的主体内容。下面对其进行简要介绍:

第1章　绪论

绪论部分主要论述本书研究的背景和意义、国内外相关研究现状、研究内容以及研究方法与技术路线。

第2章　一般灰数的运算与排序研究

本章首先介绍区间灰数、一般灰数的基本概念;其次,研究区间灰数的运算和排序问题;最后,将区间灰数概念进行推广,以定义一般灰数核期望、核方差的概念为基础,提出一般灰数的排序方法和距离测度公式。

第3章　基于面积的灰色关联决策模型研究

本章针对经典关联决策模型仅根据各备选方案与理想最优方案的关联程度大小进行排序所存在的缺陷,即该方法在多数情况下不能使已有信息得到充分利用,也就是某个方案最接近理想方案,但不一定远离负理想方案,对灰色关联决策模型进行了改进与拓展,在关联度计算时,以备选方案与理想方案间两

相邻点的多边形面积作为灰色关联系数,从两序列曲线相邻点间多边形面积的角度去度量不同序列之间的关联性。用多边形面积作为关联系数能够较为全面地反映指标之间的相互影响及备选方案序列曲线与理想方案序列曲线在距离上的接近程度和几何形状上的相似程度。同时为了解决信息利用不充分和方案的动态变化趋势不一致问题,采用基于 TOPSIS 的思想定义了灰色关联相对贴近度模型。

针对决策过程中的指标权重确定问题,在分析基于"功能驱动"原理和"差异驱动"原理的主客观赋权方法优缺点的基础上,本章利用灰色关联度和 TOPSIS 思想,考虑各指标间可能产生的相互影响,以 DEA 和 AHP 为辅助模型,构造了一种基于面积的度量方法,即以两折线对应点构成多边形的面积作为关联系数,构建灰色关联贴近度的决策模型,并分别计算各方案的灰色关联贴近度,使权重确定同时反映主客观程度和变换趋势的一致性。

第 4 章　基于信息分解区间灰数的灰色关联决策模型研究

本章针对指标值为区间灰数时决策信息得不到充分利用的问题,在决策信息不丢失的前提下,利用信息分解方法将区间灰数分解成实数型的"白部"和"灰部",并对信息分解下区间灰数的白化值的性质进行了研究。在分析已有的灰色关联决策方法和逼近理想点方法优缺点的基础上,建立了正、负理想点的"白部"和"灰部"与方案点的"白部"和"灰部"之间的灰色关联的测度方法,进而构建了灰色关联一致性系数决策模型。最后通过算例验证该模型的可行性和有效性。

另外,投影关联决策方法一般都是单向投影,只考虑方案在正理想点上的投影,很少同时考虑方案点与正、负理想点的关系,因此也都没有很好地解决一致性问题,特别地,当两个备选方案在正理想方案上投影相等时,无法对方案进行排序。针对以上问题,本章充分利用区间灰数所含的决策信息,在信息不丢失的情况下利用信息分解方法将区间灰数序列分解为实数型的"白部序列"和"灰部序列",建立了正、负理想点的"白部"和"灰部"与方案点的"白部"和"灰部"构成向量的双向投影的测度方法,进而构建了向量双向投影的一致性系数决策模型。

第 5 章　基于一般灰数的关联决策模型研究

由于系统发展演化的复杂性,其不确定性表现得越来越普遍,很难用一个实数或一个区间灰数准确地描述系统发展和演化的特征。为了准确描述系统的特征,刘思峰教授提出了一般灰数的概念。本章在一般灰数概念的基础上,基于核与灰度的思想,循着广义关联分析模型的路径,提出了一般灰数的绝对和相对关联度模型、相似性和接近性关联度模型及其相应的决策模型,最后构建了一般灰数的关联决策模型。

第 6 章　基于面板数据的一般灰数的灰色关联决策模型研究

为了更好地刻画面板数据间的关联性,本章将面板数据的指标序列投射为空间坐标系的 n 维向量。向量夹角在机器学习、数据挖掘等领域是一种性质良好的度量工具,当序列存在大量零元素时能够显示出比距离更好的度量效果。另外,该度量还有很多其他优良性质,比如关联系数与向量的空间位置及大小无关等。鉴于此,本章一方面建立了相似性角度关联度模型;另一方面,利用向量差的模表示不同指标间的距离,建立了接近性角度的关联度。同时,针对面板数据,首先,给出了面板数据的空间投射方法,将面板数据投射为空间的向量序列;然后,基于空间向量的夹角和距离分别构建了相似性和接近性关联度模型,并分别讨论了两种关联度模型的规范性和对称性等性质;最后,通过实例验证了相似性和接近性关联度模型的合理性。

第 7 章　基于一般灰数的灰色动态关联决策模型研究

灰色发展决策根据方案的发展趋势对决策方案进行选择。决策不单关注现有的某一方案目前的效果测度值,更加关注的是随着时间的推移决策方案效果的变化情况,要用发展的眼光看问题、布局和规划,比如城市规划、与人口相关的问题等。在这一章中,首先,研究灰色预测模型中影响预测精度的背景值及其进行优化问题。其次,研究灰色包络带预测模型,拟解决区间预测问题。再次,由于传统灰色预测在建模过程中利用从微分到差分的转化方法,造成该模型对短期预测有较高的精度,而对中长期预测存在明显的预测精度不高这一缺陷,本章考虑时间的影响,构建了三次时变参数灰色离散模型,进行中长期的预测。最后,根据预测情况,多方案进行关联决策。

第 8 章　一般灰数的灰色关联决策模型在科技企业立项评估中的应用

利用前面提出的一般灰数的关联决策模型,对科技企业立项评估中的项目遴选进行决策。科技立项需要专家打分,每个专家对立项评价的每个指标进行打分,若专家拿不准,可以给出一个区间灰数,所以每项指标都有几个专家打的分,这个分可以用一个扩展的一般灰数来表征决策信息,然后利用已经构建的一般灰数的广义决策模型对问题进行决策。

第9章 总结、创新点与展望

灰色关联分析模型的研究方兴未艾,对于一般灰数的灰色关联度模型研究目前还不是很成熟,对于一般灰数的高维模型的研究则处于起步阶段,现实世界中的大量实际问题,迫切需要运用关于灰色矩阵数据、灰色矩阵序列数据和灰色高维场数据的分析方法去研究解决。本章遵循广义灰色关联分析模型的研究路径,把基于定积分的模型拓展到基于多重积分的模型,进而解决高维场数据的关联分析和决策问题。

1.3.2 研究方法与技术路线

本书主要采用理论研究的方法,针对实际课题背景解决现实问题。

(1) 广泛收集国内外相关文献资料,充分消化吸收现有研究成果,使本书的研究建立在前人创造性工作的坚实基础之上。

(2) 认真对现有灰色关联决策模型的建模机理、关键技术处理及决策算法设计进行深入研究,构建基于区间灰数的灰色关联决策模型,决策模型构建按照灰色系统五步建模思想进行。

(3) 进行理论设计,细化项目的研究目标和探索创新点。

(4) 针对科技项目中项目遴选评估决策这一具体背景,解决实际决策问题。

本书的技术路线如图 1.1 所示。

1.4 本 章 小 结

本章主要介绍了本书开展研究的背景、意义,灰色关联模型构建,决策信息为区间灰数时的信息处理问题,灰色关联理论的拓展现状,灰色关联决策理论的研究现状及主要研究内容、研究方法、研究技术路线图等,为后续研究打下基础。

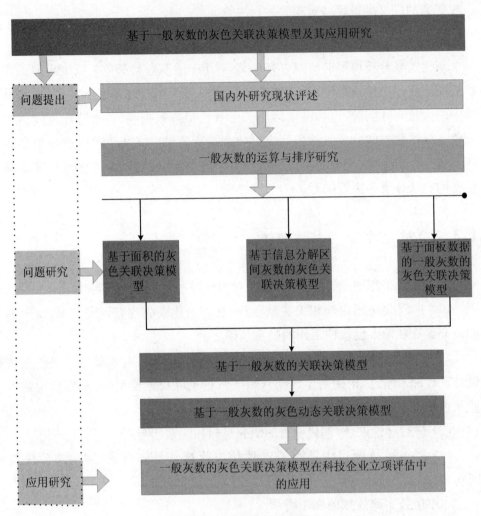

图 1.1　本书技术路线图

第 2 章　一般灰数的运算与排序研究

2.1　引　　言

在大量的现实决策问题中,多种原因会造成决策信息表现出复杂性和不确定性。其中不确定信息的表征和大小测度受到了学界的高度关注。灰数、模糊数和区间数是不确定信息的主要表征方法,其中对区间数、模糊数的排序问题关注较多且成果也较为丰富。[107-110]对不确定信息仅仅用一个区间灰数或区间数来表征往往不能完全符合实际,为了更确切地表征不确定信息,刘思峰教授提出了一般灰数的概念。[111]由于灰数及其运算、灰数排序是灰色系统理论的重要理论基础,它长期受到研究者的高度重视,特别是在决策方案排序中显得尤为重要。[112]对现有的区间灰数的排序方法进行研究发现,目前主要研究方法多数是借用区间数的方法进行的,但是区间数与区间灰数有着本质的区别,因此仅用区间数的排序方法研究区间灰数的排序必然会有不当之处。关于区间灰数的排序问题,主要研究方法有:借助区间数的可能度方法来研究区间灰数的排序,由于区间数与区间灰数有着本质区别,所以该方法在某种意义上已经背离了灰数的本质。文献[7]中利用概率方法构造区间灰数的排序方法,其前提是区间灰数的分布是已知的,但这一前提往往难以满足,故该方法也有一定的局限性。文献[11]基于区间灰数核与灰度的思想,构建了相对核与精确度的概念,然后对区间灰数进行排序,其方法克服了已有方法的一些缺陷。文献[5]提出了标准区间灰数几种特殊情况下的比较与运算法则,但缺乏一般性。另外,文献[98]～[99]从几何角度对两个区间灰数进行了比较,但是也有其不足。灰色系统理论中关于灰数的运算与灰色代数系统一直备受学者们的重视,文献[111]基于核与灰度建立了灰数运算公理和灰色代数系统,并对运算性质进行了研究,从而使得区间灰数运算难题在一定程度上得到了解决。为了更加准确地表征不确定信息,文献[111]提出了一般灰数的概念,扩展了一般灰数的概念。本章根据一般灰数及灰度的思想,提出了一般灰数核期望与核方差的概念、一般灰数的距离测度方法、一般灰数距离的性质以及一般灰数的核期望与核方差的排序方法。

2.2　一般灰数的基本概念与定义

　　灰色系统理论中关于灰数的运算与灰色代数系统一直备受学者们的重视,文献[10]和[111]基于核与灰度建立了灰数运算公理和灰色代数系统,并对运算性质进行了研究,从而使得区间灰数运算难题在一定程度上得到了解决。为了更加准确地表征不确定信息,本章列出了一般灰数的概念。以下将讨论更具有一般性的灰数。

　　定义 2.1[111]　　区间灰数和实(白)数统称为灰数基元。

　　定义 2.2[111]　　设 $g^{\pm} \in \bigcup_{i=1}^{n} [\underline{a_i}, \overline{a_i}]$,则称 $g^{\pm}$ 为一般灰数。其中任一区间灰数 $\otimes_i \in [\underline{a_i}, \overline{a_i}] \subset \bigcup_{i=1}^{n} [\underline{a_i}, \overline{a_i}]$,满足 $\underline{a_i}, \overline{a_i} \in \Pi$ 且 $\overline{a_{i-1}} \leqslant \underline{a_i} \leqslant \overline{a_i} \leqslant \underline{a_{i+1}}$,$g^- = \inf_{\underline{a_i} \in g^{\pm}\underline{a}}$,$g^+ = \sup_{\overline{a_i} \in g^{\pm}\overline{a}}$ 分别称为 $g^{\pm}$ 的下界和上界。

　　定义 2.3[142]　　设 X 为一给定的集合,$g^0[0,1]$ 表示区间 $[0,1]$ 上的所有闭子区间构成的集合。X 上形如 $GA = \{[x, gh_A(x)] \mid x \in X\}$ 的二元组称为一个灰色犹豫模糊集(简记为 GHFS)。其中 $gh_A(x): X \rightarrow g^0[0,1]$ 表示元素 x 属于集合 GA 的所有可能灰色隶属度构成的集合,称 $gh_A(x)$ 为一个灰色模糊元。

　　定义 2.4　　设 $g^{\pm} \in \bigcup_{i=1}^{n} [\underline{a_i}, \overline{a_i}]$,则称 $g^{\pm}$ 为犹豫模糊一般灰数。其中任一区间灰数 $\otimes_i \in [\underline{a_i}, \overline{a_i}] \subset \bigcup_{i=1}^{n} [\underline{a_i}, \overline{a_i}]$,满足 $\underline{a_i}, \overline{a_i} \in \Pi$,$g^- = \inf_{\underline{a_i} \in g^{\pm}\underline{a}}$,$g^+ = \sup_{\overline{a_i} \in g^{\pm}\overline{a}}$ 分别称为 $g^{\pm}$ 的下界和上界。

定义 2.5[111]　(1) 设 $g^{\pm} \in \bigcup\limits_{i=1}^{n} [\underline{a_i}, \overline{a_i}]$ 为一般灰数,称 $\hat{g} = \dfrac{1}{n} \sum\limits_{i=1}^{n} \hat{a_i}$ 为 $g^{\pm}$ 的核。

(2) 设 $g^{\pm}$ 为概率分布已知的一般灰数,$g^{\pm} \in \bigcup\limits_{i=1}^{n} [\underline{a_i}, \overline{a_i}]$($i = 1, 2, \cdots, n$) 的概率为 p_i 且满足 $p_i > 0$($i = 1, 2, \cdots, n$),$\sum\limits_{i=1}^{n} p_i = 1$,则称 $\hat{g} = \sum\limits_{i=1}^{n} p_i \hat{a_i}$ 为 $g^{\pm}$ 的核。

定义 2.6[111]　设一般灰数 $g^{\pm} \in \bigcup\limits_{i=1}^{n} [\underline{a_i}, \overline{a_i}]$ 的背景或论域为 Ω,$\mu(\otimes)$ 为 Ω 的测度,则称 $g^{\circ}(g^{\pm}) = \dfrac{1}{\hat{g}} \sum\limits_{i=1}^{n} \hat{a_i} (\mu(\otimes_i) / \mu(\Omega))$ 为一般灰数 $g^{\pm}$ 的灰度。一般灰数 $g^{\pm}$ 的灰度亦简记为 g°。其中,记 $g^{\circ}(\otimes_i) = \dfrac{\mu(\otimes_i)}{\mu(\Omega)}$ 为 $\otimes_i$ 的灰度,且 $0 \leqslant g^{\circ}(\otimes_i) \leqslant 1$。

定义 2.7　设任意一个区间灰数 $\otimes_i \in [\underline{a_i}, \overline{a_i}] \subset \bigcup\limits_{i=1}^{n} [\underline{a_i}, \overline{a_i}]$ 的核为 $\hat{\otimes}_i$,若 $g^{\pm}$ 的概率分布已知且为 p_i,则 $E(g^{\pm}) = \sum\limits_{i=1}^{n} p_i \cdot \hat{\otimes}_i$ 为一般灰数核的期望。特别地,若每个 $\hat{\otimes}_i$ 是等概率的,则一般灰数核的期望为 $E(g^{\pm}) = \dfrac{1}{n} \sum\limits_{i=1}^{n} \hat{\otimes}_i$。称 $D(g^{\pm}) = E(g^{\pm} - E(g^{\pm}))^2$ 为一般灰数核的方差。

由灰数灰度的定义可知,灰度是表征灰数用其"核"代替其真值的不确定性程度,换句话说,$1 - g^{\circ}(\otimes_i)$ 就表示"核"作为区间灰数的真值代表的可能性大小,即概率大小。由此得到基于灰度的一般灰数核期望与核方差的定义。

定义 2.8　设任意一个区间灰数 $\otimes_i \in [\underline{a_i}, \overline{a_i}] \subset \bigcup\limits_{i=1}^{n} [\underline{a_i}, \overline{a_i}]$ 的核为 $\hat{\otimes}_i$,则称

$$E(g^{\pm}) = \sum_{i=1}^{n} p_i \cdot \hat{\otimes}_i = \sum_{i=1}^{n} \frac{1 - g^{\circ}(\hat{\otimes}_i)}{\sum\limits_{i=1}^{n} (1 - g^{\circ}(\hat{\otimes}_i))} \cdot \hat{\otimes}_i$$ 为一般灰数核的期望。称

$$D(g^{\pm}) = E(g^{\pm} - E(g^{\pm}))^2 = \sum_{i=1}^{n} \frac{1 - g^{\circ}(\hat{\otimes}_i)}{\sum\limits_{i=1}^{n} (1 - g^{\circ}(\hat{\otimes}_i))} \cdot (\hat{\otimes}_i - E(\hat{\otimes}_i))^2$$ 为一般灰数核的方差。

$E(g^{\pm})$ 反映了一般灰数"核"的平均水平,$D(g^{\pm})$ 反映了"核"取平均值的稳定性或者各个 $\hat{\otimes}_i$ 的离散程度。

定义 2.9[111]　一般灰数 $g^{\pm}$,其简化形式记为 $g^{\pm} = \hat{g}_{(g^{\circ})}$。

命题 2.1 实数的灰度为零,在一般灰数的四则运算过程中参与核的运算,但不参与灰度运算。

公理 2.1(灰度不减公理) 当 n 个一般灰数 $g_1^{\pm}, g_2^{\pm}, \cdots, g_n^{\pm}$ 进行加法(或减法)运算时,运算结果的灰度不小于其中最小灰度的灰数灰度,为简单灰度取其平均值。乘法(或除法)运算时,运算结果的灰度不小于其中灰度最大的灰数灰度。

公理 2.2[111] 记 $g_1^{\pm} = \hat{g}_{1(g_1^{\circ})}, g_2^{\pm} = \hat{g}_{2(g_2^{\circ})}$,则一般灰数的运算法则如下:

法则 1(灰数相等) $g_1^{\pm} = g_2^{\pm} \Leftrightarrow \hat{g}_1 = \hat{g}_2$ 且 $g_1^{\circ} = g_2^{\circ}$;

法则 2(加减运算) $g_1^{\pm} \pm g_2^{\pm} = (\hat{g}_1 \pm \hat{g}_2)_{(g_1^{\circ} \vee g_2^{\circ})}$;

法则 3(乘法运算) $g_1^{\pm} \times g_2^{\pm} = (\hat{g}_1 \times \hat{g}_2)_{(g_1^{\circ} \vee g_2^{\circ})}$;

法则 4(除法运算) $g_1^{\pm} \div g_2^{\pm} = (\hat{g}_1 \div \hat{g}_2)_{(g_1^{\circ} \vee g_2^{\circ})} (\hat{g}_2 \neq 0)$;

法则 5(数乘运算) $m \times g^{\pm} = (m \times \hat{g})_{(g^{\circ})}$;

法则 6(乘方运算) $(g^{\pm})^r = (\hat{g})^r_{(g^{\circ})}$。

运算性质如下:

(1) $g_1^{\pm} + g_2^{\pm} = g_2^{\pm} + g_1^{\pm}$;

(2) $(g_1^{\pm} + g_2^{\pm}) + g_3^{\pm} = g_1^{\pm} + (g_2^{\pm} + g_3^{\pm})$;

(3) $(g_1^{\pm} + g_2^{\pm}) \times g_3^{\pm} = g_1^{\pm} \times g_3^{\pm} + g_2^{\pm} \times g_3^{\pm}$。

定理 2.1 一般灰数的运算结果仍然是一个灰数的简化形式,且可还原为一个区间灰数。即设 $g_1^{\pm} \oplus g_2^{\pm} \cdots \circ g_n^{\pm} = \hat{g}_{(g^{\circ})}, \hat{g}_{(g^{\circ})}$ 还可以还原为一个区间灰数 $\otimes = [\hat{g} - \delta, \hat{g} + \delta]$,且其中 $\delta = \dfrac{g^{\circ} \mu(\Omega) - \hat{g}}{2}$(其中 $\oplus, \circ$ 是某种运算,Ω 为论域)。

证明 一般区间灰数的灰度计算公式为

$$g^{\circ}(\otimes) = \frac{\mu(\otimes)}{\mu(\Omega)} \tag{2.1}$$

$\cdot \mu(\otimes)$ 为 Ω 上的测度,且

$$\mu(\otimes) = l(\otimes) = \hat{g} + 2\delta \tag{2.2}$$

将式(2.2)代入式(2.1)中,得

$$\delta = \frac{g^{\circ} \mu(\Omega) - \hat{g}}{2}$$

2.3　一般灰数的距离测度

定义 2.10　设一般灰数 $g_1^{\pm} \in \bigcup\limits_{i=1}^{n} [\underline{a}_i, \overline{a}_i]$，$g_2^{\pm} \in \bigcup\limits_{j=1}^{m} [\underline{b}_j, \overline{b}_j]$，$\underline{a}_i \leqslant \overline{a}_i (i=1, 2, \cdots, n)$，$\underline{b}_j \leqslant \overline{b}_j (j=1, 2, \cdots, m)$，则一般灰数 $g_1^{\pm}$ 和 $g_2^{\pm}$ 之间的距离定义为

$$D(g_1^{\pm}, g_2^{\pm}) = \max\{d_{12}(g_1^{\pm}, g_2^{\pm}), d_{21}(g_2^{\pm}, g_1^{\pm})\} \tag{2.3}$$

其中 $d_{12}(g_1^{\pm}, g_2^{\pm}) = \max\limits_{i=1}^{n} \min\limits_{j=1}^{m} (|\hat{\otimes}_i - \hat{\otimes}_j| + \dfrac{1}{2}|g^{\circ}(\otimes_i) - g^{\circ}(\otimes_j)|)$ 为 $g_1^{\pm}$ 到 $g_2^{\pm}$ 的距离。$d_{21}(g_2^{\pm}, g_1^{\pm}) = \max\limits_{j=1}^{m} \min\limits_{i=1}^{n} (|\hat{\otimes}_j - \hat{\otimes}_i| + \dfrac{1}{2}|g^{\circ}(\otimes_j) - g^{\circ}(\otimes_i)|)$ 为 $g_2^{\pm}$ 到 $g_1^{\pm}$ 的距离 $\left(\text{其中}\hat{\otimes}_i = \dfrac{\underline{a}_i + \overline{a}_i}{2}, \hat{\otimes}_j = \dfrac{\underline{b}_j + \overline{b}_j}{2}\right)$。

定理 2.2　设 $R(g^{\pm})$ 为一般灰数构成的集合，一般灰数 $g_1^{\pm}$ 和 $g_2^{\pm}$ 间的距离满足 3 个条件：

(1) $\forall g_1^{\pm}, g_2^{\pm} \in R(g^{\pm}), D(g_1^{\pm}, g_2^{\pm}) = D(g_2^{\pm}, g_1^{\pm})$；

(2) $\forall g_1^{\pm} \in R(g^{\pm}), D(g_1^{\pm}, g_1^{\pm}) = 0$；

(3) $\forall g_1^{\pm}, g_2^{\pm}, g_3^{\pm} \in R(g^{\pm}), D(g_1^{\pm}, g_3^{\pm}) \leqslant D(g_1^{\pm}, g_2^{\pm}) + D(g_2^{\pm}, g_3^{\pm})$。

证明　设一般灰数 $g_1^{\pm} \in \bigcup\limits_{i=1}^{n} [\underline{a}_i, \overline{a}_i]$，$g_2^{\pm} \in \bigcup\limits_{j=1}^{m} [\underline{b}_j, \overline{b}_j]$，$g_3^{\pm} \in \bigcup\limits_{k=1}^{l} [\underline{c}_k, \overline{c}_k]$，$\underline{a}_i \leqslant \overline{a}_i (i=1, 2, \cdots, n)$，$\underline{b}_j \leqslant \overline{b}_j (j=1, 2, \cdots, m)$，$\underline{c}_k \leqslant \overline{c}_k (k=1, 2, \cdots, l)$。

(1) 由定义 2.8 知

$$D(g_1^{\pm}, g_2^{\pm}) = \max\{d_{12}(g_1^{\pm}, g_2^{\pm}), d_{21}(g_2^{\pm}, g_1^{\pm})\}$$
$$= \max\{d_{21}(g_2^{\pm}, g_1^{\pm}), d_{12}(g_1^{\pm}, g_2^{\pm})\} = D(g_2^{\pm}, g_1^{\pm})$$

所以定理 2.2 中(1)成立。

(2) 由定义 2.8 知

$$D(g_1^{\pm}, g_1^{\pm}) = \max\{d_{11}(g_1^{\pm}, g_1^{\pm})\} = d_{11}(g_1^{\pm}, g_1^{\pm}) = 0$$

所以定理 2.2 中(2)成立。

(3) $D(g_1^{\pm}, g_3^{\pm}) = \max\{d_{13}(g_1^{\pm}, g_3^{\pm}), d_{31}(g_3^{\pm}, g_1^{\pm})\}$

$$= \max\left\{\begin{array}{l} \max\limits_{i=1}^{n}\min\limits_{k=1}^{l}\left(\left|\,|\hat{\otimes}_i - \hat{\otimes}_k| + \frac{1}{2}|g^o(\otimes_i) - g^o(\otimes_k)|\,\right|\right), \\ \max\limits_{k=1}^{l}\min\limits_{i=1}^{n}\left(\left|\,|\hat{\otimes}_k - \hat{\otimes}_i| + \frac{1}{2}|g^o(\otimes_k) - g^o(\otimes_i)|\,\right|\right) \end{array}\right\}$$

根据范数满足三角不等式,所以

$$|\hat{\otimes}_i - \hat{\otimes}_k| \leqslant |\hat{\otimes}_i - \hat{\otimes}_j| + |\hat{\otimes}_j - \hat{\otimes}_k| \tag{2.4}$$

$$|g^o(\otimes_i) - g^o(\otimes_k)| \leqslant |g^o(\otimes_i) - g^o(\otimes_j)|$$
$$+ |g^o(\otimes_j) - g^o(\otimes_k)| \tag{2.5}$$

由式(2.4)和式(2.5),有

$$\max\limits_{i=1}^{n}\min\limits_{k=1}^{l}\left(\left|\,|\hat{\otimes}_i - \hat{\otimes}_k| + \frac{1}{2}|g^o(\otimes_i) - g^o(\otimes_k)|\,\right|\right)$$

$$\leqslant \max\limits_{i=1}^{n}\min\limits_{j=1}^{m}\left(\left|\,|\hat{\otimes}_i - \hat{\otimes}_j| + \frac{1}{2}|g^o(\otimes_i) - g^o(\otimes_j)|\,\right|\right)$$

$$+ \max\limits_{j=1}^{m}\min\limits_{k=1}^{l}\left(\left|\,|\hat{\otimes}_j - \hat{\otimes}_k| + \frac{1}{2}|g^o(\otimes_j) - g^o(\otimes_k)|\,\right|\right) \tag{2.6}$$

$$\max\limits_{k=1}^{l}\min\limits_{i=1}^{n}\left(\left|\,|\hat{\otimes}_k - \hat{\otimes}_i| + \frac{1}{2}|g^o(\otimes_k) - g^o(\otimes_i)|\,\right|\right)$$

$$\leqslant \max\limits_{k=1}^{l}\min\limits_{j=1}^{m}\left(\left|\,|\hat{\otimes}_k - \hat{\otimes}_j| + \frac{1}{2}|g^o(\otimes_k) - g^o(\otimes_j)|\,\right|\right)$$

$$+ \max\limits_{j=1}^{m}\min\limits_{i=1}^{n}\left(\left|\,|\hat{\otimes}_j - \hat{\otimes}_n| + \frac{1}{2}|g^o(\otimes_j) - g^o(\otimes_n)|\,\right|\right) \tag{2.7}$$

由式(2.6)和式(2.7),得

$$d_{13}(g_1^{\pm}, g_3^{\pm}) \leqslant d_{12}(g_1^{\pm}, g_2^{\pm}) + d_{23}(g_2^{\pm}, g_3^{\pm})$$

$$d_{31}(g_3^{\pm}, g_1^{\pm}) \leqslant d_{32}(g_3^{\pm}, g_2^{\pm}) + d_{21}(g_2^{\pm}, g_1^{\pm})$$

由定义2.8,知定理2.2中(3)成立,即

$$D(g_1^{\pm}, g_3^{\pm}) \leqslant D(g_1^{\pm}, g_2^{\pm}) + D(g_2^{\pm}, g_3^{\pm})$$

2.4　一般灰数的排序方法研究

2.4.1　一般灰数的核期望与核方差排序方法

不失一般性,只讨论两个一般灰数的排序方法,设一般灰数 $g_r^{\pm} \in \bigcup\limits_{i=1}^{n}[\underline{a}_i, \overline{a}_i]$,
$g_s^{\pm} \in \bigcup\limits_{j=1}^{m}[\underline{b}_j, \overline{b}_j]$, $\underline{a}_i \leqslant \overline{a}_i (i=1,2,\cdots,n)$, $\underline{b}_j \leqslant \overline{b}_j (j=1,2,\cdots,m)$。

定义 2.11　若一般灰数的核期望和方差如定义 2.7 或定义 2.8 所示,对一般灰数 $g_r^{\pm}$ 和 $g_s^{\pm}$:

(1) 若 $E(g_r^{\pm}) > E(g_s^{\pm})$ 或者 $E(g_r^{\pm}) = E(g_s^{\pm})$ 且 $D(g_r^{\pm}) < D(g_s^{\pm})$ 有一个成立,则称 $g_r^{\pm} > g_s^{\pm}$;

(2) 若 $E(g_r^{\pm}) < E(g_s^{\pm})$ 或者 $E(g_r^{\pm}) = E(g_s^{\pm})$ 且 $D(g_r^{\pm}) > D(g_s^{\pm})$ 有一个成立,则称 $g_r^{\pm} < g_s^{\pm}$;

(3) 若 $E(g_r^{\pm}) = E(g_s^{\pm})$ 且 $D(g_r^{\pm}) = D(g_s^{\pm})$,

① 若 $g_r^{\circ}(g_r^{\pm}) < g_s^{\circ}(g_s^{\pm})$,则 $g_r^{\pm} > g_s^{\pm}$;

② 若 $g_r^{\circ}(g_r^{\pm}) > g_s^{\circ}(g_s^{\pm})$,则 $g_r^{\pm} < g_s^{\pm}$。

2.4.2　一般灰数的核期望与核方差排序同相对核与精确度排序的一致性

区间灰数是一般灰数的特例,即一般灰数中 $n=1$ 的情况。下面证明一般灰数的核与核方差排序同文献[11]中区间灰数的相对核与精确度排序是一致的。只对 $n=1$ 的情况进行证明,并假设该区间灰数是分布均匀的区间灰数。若 $n>1$,首先,将一般灰数描述为简化形式;其次,将灰数简化形式通过定理2.1 还原为普通连续区间灰数;最后,利用核的期望与方差进行排序,其结果同相对核与精确度排序的结果完全一致。

文献[11]中的结论简述为:设区间灰数 $\otimes_1=[\underline{a}_1,\overline{a}_1]$,$\otimes_2=[\underline{a}_2,\overline{a}_2]$,其相应的标准灰数记为 $\overline{\otimes}_1$,$\overline{\otimes}_2$,$\delta(\overline{\otimes}_1)$,$\delta(\overline{\otimes}_2)$ 分别为 $\overline{\otimes}_1$,$\overline{\otimes}_2$ 的相对核,$P(\overline{\otimes}_1)$,$P(\overline{\otimes}_2)$ 分别为 $\overline{\otimes}_1$,$\overline{\otimes}_2$ 的精确度。

(1) 若 $\delta(\overline{\otimes}_1)<\delta(\overline{\otimes}_2)$,则 $\overline{\otimes}_1<\overline{\otimes}_2$,即 $\otimes_1<\otimes_2$;

(2) 若 $\delta(\overline{\otimes}_1)>\delta(\overline{\otimes}_2)$,则 $\overline{\otimes}_1>\overline{\otimes}_2$,即 $\otimes_1>\otimes_2$;

(3) $\delta(\overline{\otimes}_1)=\delta(\overline{\otimes}_2)$,则① 若 $P(\overline{\otimes}_1)=P(\overline{\otimes}_2)$,则 $\overline{\otimes}_1=\overline{\otimes}_2$,即 $\otimes_1<\otimes_2$;② 若 $P(\overline{\otimes}_1)<P(\overline{\otimes}_2)$,则 $\overline{\otimes}_1<\overline{\otimes}_2$,即 $\otimes_1<\otimes_2$;③ 若 $P(\overline{\otimes}_1)>P(\overline{\otimes}_2)$,则 $\overline{\otimes}_1>\overline{\otimes}_2$,即 $\otimes_1>\otimes_2$。

命题 2.2 当 $\underline{a}_1<\underline{a}_2<\overline{a}_1<\overline{a}_2$ 时,$\delta(\overline{\otimes}_1)<\delta(\overline{\otimes}_2)$,即 $\otimes_1<\otimes_2$,此时 $E(g_1^{\pm})<E(g_2^{\pm})$,即 $\otimes_1<\otimes_2$。

证明 因为

$$E(g_1^{\pm})-E(g_2^{\pm})=\frac{\underline{a}_1+\overline{a}_1}{2}-\frac{\underline{a}_2+\overline{a}_2}{2}=\frac{(\underline{a}_1-\underline{a}_2)+(\overline{a}_1-\overline{a}_2)}{2}<0$$

所以

$$E(g_1^{\pm})<E(g_2^{\pm})$$

由定义 2.11,知 $\otimes_1<\otimes_2$。故两个排序方法一致。

命题 2.3 当 $\underline{a}_2<\underline{a}_1<\overline{a}_2<\overline{a}_1$ 时,$\delta(\overline{\otimes}_1)>\delta(\overline{\otimes}_2)$,即 $\otimes_1>\otimes_2$,此时 $E(g_1^{\pm})>E(g_2^{\pm})$,即 $\otimes_1>\otimes_2$。

证明 因为

$$E(g_1^{\pm})-E(g_2^{\pm})=\frac{\underline{a}_1+\overline{a}_1}{2}-\frac{\underline{a}_2+\overline{a}_2}{2}=\frac{(\underline{a}_1-\underline{a}_2)+(\overline{a}_1-\overline{a}_2)}{2}>0$$

所以

$$E(g_1^{\pm})>E(g_2^{\pm})$$

由定义 2.11,知 $\otimes_1>\otimes_2$。故两个排序方法一致。

命题 2.4 当 $\underline{a}_1<\underline{a}_2<\overline{a}_2<\overline{a}_1$ 且 $\underline{a}_1+\overline{a}_1<\underline{a}_2+\overline{a}_2$ 时,$\delta(\overline{\otimes}_1)<\delta(\overline{\otimes}_2)$,即 $\otimes_1<\otimes_2$,此时 $E(g_1^{\pm})<E(g_2^{\pm})$,即 $\otimes_1<\otimes_2$。

证明 因为

$$E(g_1^{\pm})-E(g_2^{\pm})=\frac{\underline{a}_1+\overline{a}_1}{2}-\frac{\underline{a}_2+\overline{a}_2}{2}<0$$

所以

$$E(g_1^{\pm}) < E(g_2^{\pm})$$

由定义 2.11，知 $\otimes_1 < \otimes_2$。故两个排序方法一致。

类似证明 $\underline{a}_2 < \underline{a}_1 < \overline{a}_1 < \overline{a}_2$ 且 $\underline{a}_1 + \overline{a}_1 > \underline{a}_2 + \overline{a}_2$ 的情况，在此不再赘述。

命题 2.5 当 $\underline{a}_1 < \underline{a}_2 < \overline{a}_2 < \overline{a}_1$ 且 $\underline{a}_1 + \overline{a}_1 = \underline{a}_2 + \overline{a}_2$，$\delta(\overline{\otimes}_1) = \delta(\overline{\otimes}_2)$ 或 $\underline{a}_1 + \overline{a}_1 > \underline{a}_2 + \overline{a}_2$ 时，$\delta(\overline{\otimes}_1)$ 与 $\delta(\overline{\otimes}_2)$ 的大小不能确定。若 $P(\overline{\otimes}_1) < P(\overline{\otimes}_2)$，即 $\otimes_1 < \otimes_2$，此时 $E(g_1^{\pm}) = E(g_2^{\pm})$ 且 $D(g_1^{\pm}) > D(g_2^{\pm})$，即 $\otimes_1 < \otimes_2$；若 $P(\overline{\otimes}_1) > P(\overline{\otimes}_2)$，即 $\otimes_1 > \otimes_2$，此时 $E(g_1^{\pm}) = E(g_2^{\pm})$ 且 $D(g_1^{\pm}) < D(g_2^{\pm})$，即 $\otimes_1 > \otimes_2$。

证明 当 $\delta(\overline{\otimes}_1) = \delta(\overline{\otimes}_2)$ 或 $\delta(\overline{\otimes}_1)$ 与 $\delta(\overline{\otimes}_2)$ 的大小不能确定时，对 $P(\overline{\otimes}_1)$，$P(\overline{\otimes}_2)$ 作差，得

$$
\begin{aligned}
P(\overline{\otimes}_1) - P(\overline{\otimes}_2) &= 1 - g^{\circ}(\overline{\otimes}_1) - (1 - g^{\circ}(\overline{\otimes}_2)) \\
&= g(\overline{\otimes}_2) - g(\overline{\otimes}_1) \\
&= \frac{(\overline{a}_2 - \underline{a}_2) - (\overline{a}_1 - \underline{a}_1)}{\mu(\Omega)} \\
&= \frac{(\overline{a}_2 - \overline{a}_1) - (\underline{a}_1 - \underline{a}_2)}{\mu(\Omega)} < 0
\end{aligned}
$$

$$\Rightarrow \quad P(\overline{\otimes}_1) < P(\overline{\otimes}_2)$$
$$\Rightarrow \quad \otimes_1 < \otimes_2$$

当 $\underline{a}_1 < \underline{a}_2 < \overline{a}_2 < \overline{a}_1$ 且 $\underline{a}_1 + \overline{a}_1 = \underline{a}_2 + \overline{a}_2$ 时，$E(g_1^{\pm}) = E(g_2^{\pm})$，此时利用期望大小无法进行比较。

又

$$
\begin{aligned}
&D(g_1^{\pm}) - D(g_2^{\pm}) \\
&= \frac{1}{12}(\overline{a}_1 - \underline{a}_1)^2 - \frac{1}{12}(\overline{a}_2 - \underline{a}_2)^2 = \frac{1}{12}[(\overline{a}_1 - \underline{a}_1)^2 - (\overline{a}_2 - \underline{a}_2)^2] \\
&= \frac{1}{12}[((\overline{a}_1 - \overline{a}_2) + (\underline{a}_1 - \underline{a}_2)) \cdot ((\overline{a}_1 - \underline{a}_1) + (\overline{a}_2 - \underline{a}_2))] > 0
\end{aligned}
$$

$$\Rightarrow \quad D(g_1^{\pm}) > D(g_2^{\pm})$$
$$\Rightarrow \quad \otimes_1 < \otimes_2$$

故两类排序方法的结果一致。

类似地，可以证明相反的结果。

2.4.3 算例分析

例 2.1 设一般灰数 $g_1^{\pm} = \otimes_1 \cup \otimes_2 \cup 2 \cup \otimes_4 \cup 6$，$g_2^{\pm} = \otimes_6 \cup 20 \cup \otimes_8 \cup \otimes_9$，

其中 $\otimes_1=[1,3],\otimes_2=[2,4],\otimes_4=[5,9],\otimes_6=[12,16],\otimes_8=[11,15],\otimes_6=[15,19]$，假设 $g_1^{\pm}$ 的论域 $\Omega=[0,32]$，$g_2^{\pm}$ 的论域 $\Omega=[10,60]$，以区间长度作为 Ω 的测度，试对 $g_1^{\pm}$，$g_2^{\pm}$ 的大小进行比较。

根据定义 2.5，易得 $\hat{\otimes}_1=2,\hat{\otimes}_2=3,\hat{\otimes}_4=7,\hat{\otimes}_6=14,\hat{\otimes}_8=13,\hat{\otimes}_{17}=17$，并假设是均匀分布的，故核的期望

$$E(g_1^{\pm})=\frac{1}{5}(2+3+2+7+6)=4$$

$$E(g_2^{\pm})=\frac{1}{4}(14+20+13+17)=16$$

故由定义 2.11，知

$$g_2^{\pm}>g_1^{\pm}$$

例 2.2　设一般灰数 $g_1^{\pm}=\otimes_1\cup\otimes_2\cup 4,g_2^{\pm}=1\cup\otimes_5\cup\otimes_6$，其中 $\otimes_1=[1,3]$，$\otimes_2=[2,4],\otimes_5=[1,5],\otimes_6=[4,6],\Omega=[0,12]$，以区间长度作为 Ω 的测度，试对 $g_1^{\pm}$，$g_2^{\pm}$ 的大小进行比较。

根据定义 2.5，易得 $\hat{\otimes}_1=2,\hat{\otimes}_2=3,\hat{\otimes}_5=3,\hat{\otimes}_6=5$，并假设是均匀分布的，故核的期望

$$\left.\begin{array}{l}E(g_1^{\pm})=\dfrac{1}{3}(2+3+4)=3\\[2mm]E(g_2^{\pm})=\dfrac{1}{3}(1+3+5)=3\end{array}\right\}\Rightarrow E(g_1^{\pm})=E(g_2^{\pm})$$

$$\left.\begin{array}{l}D(g_1^{\pm})=\dfrac{1}{3}[(2-3)^2+(3-3)^2+(4-3)^2]=\dfrac{2}{3}\\[2mm]D(g_2^{\pm})=\dfrac{1}{3}[(3-3)^2+(5-3)^2+(1-3)^2]=\dfrac{8}{3}\end{array}\right\}\Rightarrow D(g_1^{\pm})<D(g_2^{\pm})$$

故由定义 2.11，知 $g_1^{\pm}>g_2^{\pm}$。

本例可以先将一般灰数化为灰数的简化形式，然后根据定理 2.1 将其还原为一个连续区间灰数，最后可以利用核与核的方差进行排序，其排序结果与上述方法排序结果完全一致。

由定义 2.6，得到

$$g^{\circ}(g_1^{\pm})=\frac{1}{3}\left(2\times\frac{1}{6}+3\times\frac{1}{6}+0\right)=\frac{5}{18}\Rightarrow g_1^{\pm}=3_{(\frac{5}{18})}$$

$$g^{\circ}(g_2^{\pm})=\frac{1}{3}\left(0+3\times\frac{1}{3}+5\times\frac{1}{6}\right)=\frac{11}{18}\Rightarrow g_2^{\pm}=3_{(\frac{11}{18})}$$

由定理 2.1 分别得到 $\delta_1 = \dfrac{1}{6}$，$\delta_2 = \dfrac{13}{6}$，所以还原为两个区间灰数为

$$\otimes_1 = \left[3 - \frac{1}{6}, 3 + \frac{1}{6} \right] = \left[\frac{17}{6}, \frac{19}{6} \right]$$

$$\otimes_2 = \left[3 - \frac{13}{6}, 3 + \frac{13}{6} \right] = \left[\frac{5}{6}, \frac{31}{6} \right]$$

因为

$$E(\otimes_1) = E(\otimes_2)$$

又

$$D(\otimes_1) = \frac{1}{12} \left(\frac{19}{6} - \frac{17}{6} \right)^2 = \frac{1}{108}$$

$$D(\otimes_2) = \frac{1}{12} \left(\frac{31}{6} - \frac{5}{6} \right)^2 = \frac{169}{108}$$

因为

$$D(\otimes_2) > D(\otimes_1)$$

故由定义 2.11，知 $g_1^{\pm} > g_2^{\pm}$。

2.5　本 章 小 结

本章在一般灰数分布已知和未知的情况下，提出了一般灰数的核期望与核方差的概念，并进一步地从灰度的本质特征上给出了另一组一般灰数的核期望与核方差的概念。两组概念本质上是统一的。基于一般灰数的核与灰度提出了一般灰数的距离测度及其性质。依据一般灰数核期望与核方差的两个测度指标，提出了一般灰数的核期望与核方差的排序方法，并且证明了该排序方法和相对核与精确度的排序方法对于一般区间灰数的排序是等价的。由于一般灰数是实数和一般区间灰数的推广，因而在相比之下，本排序方法更具有广泛适应性，而且本身的算法简单，容易操作。

第3章 基于面积的灰色关联决策模型研究

3.1 引　　言

　　灰色关联决策是灰色决策的重要组成部分,它是以灰色关联理论为基础的系统决策方法。近年来,相关研究成果丰富。虽然现有的关联度计算公式较多,但是在运用关联决策模型时,基本上都是利用邓氏关联度计算关联系数,该关联度是从距离的角度进行计算的,只考虑两个点之间距离的接近性,对于多属性关联决策的结果不理想,因为在多属性决策情况下备选方案不仅与理想方案对应属性之间的距离有关,而且也与每个相邻指标有关系,特别对一些主观指标,专家在打分时会考虑彼此之间的影响。另外,经典关联决策模型只考虑将各备选方案与理想最优方案的关联程度进行排序,这在多数情况下不能使已有信息得到充分利用,也就是说某个方案最接近理想方案,但不一定远离负理想方案。因此,应该同时考虑这两个方面对决策精度的影响。

　　基于以上原因,本章以灰色关联决策理论为基础,对灰色关联决策模型进行改进与拓展,在关联度计算时,以备选方案与理想方案间两相邻点的多边形面积作为灰色关联系数,从两序列曲线相邻点间多边形面积的角度去度量不同序列之间的关联性,因为多边形面积作为关联系数能够较为全面地反映指标之间的相互影响及被选方案序列曲线与理想方案序列曲线在距离上的接近程度和几何形状上的相似程度。同时,为了解决信息利用不充分和方案的动态变化趋势不一致性问题,拟采用基于 TOPSIS 的思想定义"灰色关联相对贴近度"模型。

同时,针对决策过程中的指标权重确定问题,在分析基于"功能驱动"原理和"差异驱动"原理的主客观赋权方法优缺点的基础上,本章利用灰色关联度和 TOPSIS 思想,考虑各指标间可能产生的相互影响,以 DEA 和 AHP 为辅助模型,构造一种基于面积的度量方法,以两个方案的序列折线之间相邻指标间对应的多边形的面积为关联系数的灰色关联贴近度的决策模型,分别计算各方案的灰色关联贴近度,使权重确定同时反映主客观要求和变换趋势的一致性。实例分析说明了该方法的科学性和实用性。

3.2 灰色关联决策模型

3.2.1 灰色关联决策理论

决策方案的效果向量与最优效果向量的关联度是评价方案优劣的一个重要准则。

定义 3.1[113] 设 $S=\{s_{ij}=(a_i,b_j)\,|\,a_i\in A,b_i\in B\}$ 为决策方案集,$a_{i_0j_0}=\{a_{i_0j_0}^{(1)},a_{i_0j_0}^{(2)},\cdots,a_{i_0j_0}^{(s)}\}$ 为最优效果向量,若 $a_{i_0j_0}$ 所对应的决策方案为 $a_{i_0j_0}\notin S$,则称 $a_{i_0j_0}$ 为理想最优效果向量,相应地,$S_{i_0j_0}$ 称为理想最优决策方案。

命题 3.1[113] 设 $S=\{s_{ij}=(a_i,b_j)\,|\,a_i\in A,b_i\in B\}$ 为决策方案集,决策方案 s_{ij} 对应的效果向量为 $a_{i_0j_0}=\{a_{i_0j_0}^{(1)},a_{i_0j_0}^{(2)},\cdots,a_{i_0j_0}^{(s)}\}(i=1,2,\cdots,n;j=1,2,\cdots,m)$。

(1) 当目标 k 为效果值越大越好的目标时,取 $a_{i_0j_0}^{(k)}=\max\{a_{ij}^{(k)}\}(1\leqslant i\leqslant n,1\leqslant j\leqslant m)$;

(2) 当目标 k 为效果值越接近某一适中值 a_0 越好的目标时,取 $a_{i_0j_0}=a_0$;

(3) 当目标 k 为效果值越小越好的目标时,取 $a_{i_0j_0}^{(k)}=\min\{a_{ij}^{(k)}\}(1\leqslant i\leqslant n,1\leqslant j\leqslant m)$,则 $a_{i_0j_0}=\{a_{i_0j_0}^{(1)},a_{i_0j_0}^{(2)},\cdots,a_{i_0j_0}^{(s)}\}$ 为理想最优效果向量。

命题 3.2[113] 设 $S=\{s_{ij}=(a_i,b_j)\,|\,a_i\in A,b_i\in B\}$ 为决策方案集,决策方案

s_{ij}对应的效果向量为$a_{ij}=\{a_{ij}^{(1)},a_{ij}^{(2)},\cdots,a_{ij}^{(s)}\}(i=1,2,\cdots,n;j=1,2,\cdots,m)$。
$a_{i_0j_0}=\{a_{i_0j_0}^{(1)},a_{i_0j_0}^{(2)},\cdots,a_{i_0j_0}^{(s)}\}$为理想最优效果向量，$\varepsilon_{ij}(i=1,2,\cdots,n;j=1,2,\cdots,m)$
为a_{ij}与$a_{i_0j_0}$的灰色绝对关联度，$\varepsilon_{i_1j_1}$满足对任意$i\in\{1,2,\cdots,n\}$且$i\neq i_1$和任意
$j\in\{1,2,\cdots,m\}$且$j\neq j_1$，恒有$\varepsilon_{i_1j_1}\geqslant\varepsilon_{ij}$，则$a_{i_1j_1}$为次优效果向量，对应的$s_{i_1j_1}$为次
优决策方案。

3.2.2　灰色关联决策信息的规范化

设某决策问题中的备选方案集合为$A=\{A_1,A_2,\cdots,A_n\}$，指标因素集合为
$S=\{S_1,S_2,\cdots,S_m\}$。方案A_i在指标S_j下的效果评价值为a_{ij}，为了消除量纲
和极差，同时增加可比性，首先对指标数值进行适当的处理。

命题 3.3　设理想方案为$A_0^+=(a_{01}^+,a_{02}^+,\cdots,a_{0n}^+)$，其中$a_{0j}^+(j=1,2,\cdots,n)$为
第j个指标的理想最优效果值，a_{mn}为第m个方案的第n个指标的效果值。矩阵

$$B=\begin{bmatrix}A_0^+\\A_1\\A_2\\\vdots\\A_m\end{bmatrix}=\begin{bmatrix}a_{01}^+&a_{02}^+&\cdots&a_{0n}^+\\a_{11}&a_{12}&\cdots&a_{1n}\\a_{21}&a_{22}&\cdots&a_{2n}\\\vdots&\vdots&&\vdots\\a_{m1}&a_{m2}&\cdots&a_{mn}\end{bmatrix}$$

为方案指标决策矩阵。矩阵B经过极值规范化处理后，得到

$$B_1=\begin{bmatrix}A_0^*\\A_1^*\\A_2^*\\\vdots\\A_m^*\end{bmatrix}=\begin{bmatrix}a_{01}^*&a_{02}^*&\cdots&a_{0n}^*\\a_{11}^*&a_{12}^*&\cdots&a_{1n}^*\\a_{21}^*&a_{22}^*&\cdots&a_{2n}^*\\\vdots&\vdots&\vdots&\vdots\\a_{m1}^*&a_{m2}^*&\cdots&a_{mn}^*\end{bmatrix}$$

其中，$a_{0j}^*=1(j=1,2,\cdots,n),a_{ij}^*\in[0,1](i=1,2,\cdots,m;j=1,2,\cdots,n)$。

证明　因为$a_{0j}^+(j=1,2,\cdots,n)$可能为效益型指标，也可能为成本型指标，
因此可以采取不同的极值处理方法，令

$$M_j=\max_i\{a_{ij}\}=\max(a_{0j},a_{1j},a_{2j},\cdots,a_{mj})$$

$$m_j=\min_i\{a_{ij}\}=\min(a_{0j},a_{1j},a_{2j},\cdots,a_{mj})$$

若$a_{0j}^+(j=1,2,\cdots,n)$为成本型指标，则

$$a_{0j}=m_j\quad(j=1,2,\cdots,n)$$

$$a_{0j}^* = \frac{M_j - a_{ij}}{M_j - m_j} = \frac{M_j - a_{0j}}{M_j - m_j} = \frac{M_j - m_j}{a_{0j} - m_j} = 1$$

又因为

$$m_j = a_{0j} \leqslant a_{ij}$$

所以

$$0 = a_{ij} - a_{ij} \leqslant M_j - a_{ij} \leqslant M_j - a_{0j} = M_j - m_j = 1$$

$$a_{ij}^* = \frac{M_j - a_{ij}}{M_j - m_j} \in [0, 1]$$

若 $a_{0j}^+(j = 1, 2, \cdots, n)$ 为效益型指标,则

$$a_{0j} = M_j \quad (j = 1, 2, \cdots, n)$$

$$a_{0j}^* = \frac{a_{ij} - m_j}{M_j - m_j} = \frac{a_{0j} - m_j}{M_j - m_j} = \frac{M_j - m_j}{M_j - m_j} = 1$$

又因为

$$a_{ij} \leqslant a_{0j} = M_j$$

所以

$$0 = a_{ij} - a_{ij} \leqslant a_{ij} - m_j \leqslant a_{0j} - m_j = M_j - m_j = 1$$

$$a_{ij}^* = \frac{a_{ij} - m_j}{M_j - m_j} \in [0, 1]$$

命题 3.4　设负理想方案为 $A_0^- = (a_{01}^-, a_{02}^-, \cdots, a_{0n}^-)$,其中 a_{0j}^- 为第 j 指标的最劣值 $(j = 1, 2, \cdots, n)$,矩阵

$$C = \begin{bmatrix} A_0^- \\ A_1 \\ A_2 \\ \vdots \\ A_m \end{bmatrix} = \begin{bmatrix} a_{01}^- & a_{02}^- & \cdots & a_{0n}^- \\ a_{11} & a_{12} & \cdots & a_{1n} \\ a_{21} & a_{22} & \cdots & a_{2n} \\ \vdots & \vdots & \vdots & \vdots \\ a_{m1} & a_{m2} & \cdots & a_{mn} \end{bmatrix}$$

为方案指标决策矩阵。则矩阵 C 经过极值规范化处理后,得到

$$C_1 = \begin{bmatrix} A_0^* \\ A_1^* \\ A_2^* \\ \vdots \\ A_m^* \end{bmatrix} = \begin{bmatrix} a_{01}^* & a_{02}^* & \cdots & a_{0n}^* \\ a_{11}^* & a_{12}^* & \cdots & a_{1n}^* \\ a_{21}^* & a_{22}^* & \cdots & a_{2n}^* \\ \vdots & \vdots & \vdots & \vdots \\ a_{m1}^* & a_{m2}^* & \cdots & a_{mn}^* \end{bmatrix}$$

其中,$a_{0j}^* = 0 (j = 1, 2, \cdots, n)$,$a_{ij}^* \in [0, 1] (i = 1, 2, \cdots, m; j = 1, 2, \cdots, n)$。

证明　同命题 3.3。

3.3　基于面积的灰色关联决策模型

3.3.1　基于面积的灰色关联度

定义 3.2　设理想方案指标序列 $X_0 = (x_0(1), x_0(2), \cdots, x_0(n))$，各备选方案指标序列为 $X_i = (x_i(1), x_i(2), \cdots, x_i(n))(i = 1, 2, \cdots, m)$，对于任意 $\xi \in (0, 1)$，则称

$$\delta_{ij} = \gamma(x_0^0(k), x_i^0(k)) = \frac{\min\limits_i \min\limits_k |S_{0i}(k)| + \xi \max\limits_i \max\limits_k |S_{0i}(k)|}{|S_{0i}(k)| + \xi \max\limits_i \max\limits_k |S_{0i}(k)|}$$

为面积关联系数，ξ 为分辨系数。$S_{0i}(k)$ 为理想方案序列曲线与备选方案序列曲线之间的两个相邻指标点间构成的多边形的面积值。

与邓氏关联系数相比，定义 3.2 中的关联系数是两个方案序列曲线之间的两相邻指标间的面积，这既充分考虑了决策指标之间的相互影响，又考虑了与理想方案之间的距离。与综合关联度公式相比，虽然综合关联度也反映了两曲线的相似程度和相对于始点的变化速率的接近程度，但是它与 θ 的取值有关，所以在实际应用时不好把握 θ 的取值，从而会对决策产生影响。因此，对于多属性关联决策的关联度计算，选择以面积作为关联系数的关联度计算公式应该更加合理。

定理 3.1　设 $X_0^0(k)$，$X_i^0(k)$ 分别为 $X_0(k)$，$X_i(k)$ 经过规范化处理后得到的序列，$S_{0i}(k)$ 为理想方案序列曲线与备选方案序列曲线之间的两个相邻指标间构成的多边形的面积值，则

$$S_{0i}(k) = \int_k^{k+1} |X_0^0(k) - X_i^0(k)| \, dt$$

$$= \frac{|x_i^0(k+1) - x_0^0(k+1)| + |x_i^0(k) - x_0^0(k)|}{2}$$

证明　(1) 当点 $(k, x_0^0(k))$ 和点 $(k+1, x_0^0(k+1))$ 的连线与点 $(k, x_i^0(k))$ 和

点 $(k+1, x_i^0(k+1))$ 的连线不相交时,四个点的连线构成一个梯形,故由梯形面积公式可以得到

$$S_{0i}(k) = \int_k^{k+1} |X_0^0(k) - X_i^0(k)| \, \mathrm{d}t$$

$$= \frac{|x_i^0(k+1) - x_0^0(k+1)| + |x_i^0(k) - x_0^0(k)|}{2}$$

(2) 当点 $(k, x_0^0(k))$ 和点 $(k+1, x_0^0(k+1))$ 的连线与点 $(k, x_i^0(k))$ 和点 $(k+1, x_i^0(k+1))$ 的连线相交于某一端点时,其连线构成一个三角形,故由三角形面积公式可以得到

$$S_{0i}(k) = \int_k^{k+1} |X_0^0(k) - X_i^0(k)| \, \mathrm{d}t = \frac{1}{2} |x_0^0(k+1) - x_i^0(k+1)|$$

或

$$S_{0i}(k) = \int_k^{k+1} |X_0^0(k) - X_i^0(k)| \, \mathrm{d}t = \frac{1}{2} |x_i^0(k) - x_0^0(k)|$$

这个是 $S_{0i}(k) = \dfrac{|x_i^0(k+1) - x_0^0(k+1)| + |x_i^0(k) - x_0^0(k)|}{2}$ 的特例,故定理 3.1 成立。

命题 3.5 设理想方案和备选方案各有 n 个属性且第 n 个点的属性值分别为 a_{0n}^* 和 a_{in}^*,则第 n 个小多边形的面积为一个区间灰数 $\otimes_{0n} \in [S_{0n}^L, S_{0n}^U]$,且第 n 个小多边形面积的均值白化值为 $\widetilde{\otimes}_{0n} = \dfrac{1}{2}(S_{0n}^L + S_{0n}^U)$。其中,$S_{0n}^L$ 和 S_{0n}^U 是第 n 个点到第 $n+1$ 个点面积的下确界和上确界。

定理 3.2 设 $X_0, X_i, \gamma(x_0^0(k), x_i^0(k))$ 的含义如定义 3.2 所示,令

$$\gamma(X_0, X_i) = \frac{1}{n} \sum_{k=1}^n \gamma(x_0^0(k), x_i^0(k))$$

则 $\gamma(X_0, X_i)$ 被称为 X_0 与 X_i 的基于面积的灰色关联度且满足灰色关联四公理。

证明 (1) 规范性。若 $|S_{0i}(k)| = \min\limits_i \min\limits_k |S_{0i}(k)|$,则 $\gamma(x_0^0(k), x_i^0(k)) = 1$;若 $|S_{0i}(k)| \neq \min\limits_i \min\limits_k |S_{0i}(k)|$,则 $|S_{0i}(k)| > \min\limits_i \min\limits_k |S_{0i}(k)|$,因此就有

$$\min\limits_i \min\limits_k |S_{0i}(k)| + \xi \max\limits_i \max\limits_k |S_{0i}(k)| < S_{0i}(k) + \xi \max\limits_i \max\limits_k |S_{0i}(k)|$$

故 $\gamma(x_0^0(k), x_i^0(k)) < 1$。

显然,对于任意 $k, \gamma(x_0^0(k), x_i^0(k)) > 0$,因此,$0 < \gamma(x_0^0(k), x_i^0(k)) \leqslant 1$。

(2) 整体性。若 $X = \{X_s \mid s = 0, 1, 2, \cdots, m; m \geqslant 2\}$,则对 $\forall X_{s_1}, X_{s_2} \in X$,一

一般地,有

$$\max_i \max_k |S_{0s_1}(k)| \neq \max_i \max_k |S_{0s_2}(k)|$$

故整体性成立。

（3）偶对称性。若 $X = \{X_0, X_1\}$,则

$$|S_{01}(k)| = |S_{10}(k)|$$

$$\max_i \max_k |S_{s_1 i}(k)| \neq \max_i \max_k |S_{i s_2}(k)|$$

左端 $i = 1$,右端 $i = 0$,故 $\gamma(X_0, X_1) = \gamma(X_1, X_0)$。

（4）接近性。显然成立。

定义 3.3　称 $C_{0i} = \dfrac{\gamma_{0i}^+}{\gamma_{0i}^+ + \gamma_{0i}^-}(i = 1, 2, \cdots, m)$ 为备选方案 X_i 与理想方案 X_0 之间灰色关联的相对贴近度。其中,$\gamma_{0i}^+, \gamma_{0i}^-$ 分别为被选方案与理想方案和负理想方案的关联度。

3.3.2　基于矩估计理论的组合权重优化模型

设有一个多属性决策问题,有 n 个备选方案,记为 $S = \{S_i \mid i = 1, 2, \cdots, n\}$,每个备选方案都有 m 个属性值,记为 $A = \{a_{ij} \mid i = 1, 2, \cdots, n; j = 1, 2, \cdots, m\}$,故 $A = (a_{ij})_{n \times m}$ 表示备选方案决策矩阵。每个属性都有一个客观存在的权重,所以每个方案都有一个属性权重向量,记为 $W_i = (w_1, w_2, \cdots, w_m)$,其中 $i = 1, 2, \cdots, n$。

首先,确定属性的主观权重。设有 l 个决策者 $DM_s (1 \leqslant s \leqslant l)$,分别对这一决策问题的指标属性进行主观赋权,权重分别为 $w_s = \{w_{sj} \mid 1 \leqslant s \leqslant l, 1 \leqslant j \leqslant m\}$,对 $\forall s$,$\sum\limits_{j=1}^m w_{sj} = 1$,$w_{sj} \geqslant 0$。

其次,确定客观权重。对决策矩阵 $A = (a_{ij})_{n \times m}$ 进行规范化处理,利用 $k - l$ 种方法对其进行客观赋权,权重分别为 $w_b = \{w_{bj} \mid l+1 \leqslant b \leqslant k, 1 \leqslant j \leqslant m\}$,对 $\forall b$,$\sum\limits_{j=1}^m w_{bj} = 1$,$w_{bj} \geqslant 0$。

最后,构建集成赋权的优化模型。经过上述步骤将会得到 k 个权向量,其中 l 个主观权向量,$k - l$ 个客观权向量,并且假设指标属性的真正权向量 $W = (w_1, w_2, \cdots, w_m)$。对于主观赋权来说,随着决策专家群体数量的增加,有大数定律可以证明,这个主观赋权值会趋于这个权向量的真实值。因此,可以将

$W=(w_1,w_2,\cdots,w_m)$ 看作从总体中抽取的样本来估计的值。对于每个指标属性 $a_j(1\leqslant j\leqslant m)$，都有 k 个样本，对于最终的 $w_j(1\leqslant j\leqslant m)$，要满足两点：① w_j 与 k 个权重的总体偏差最小；② 主客观权重的相对区分程度都不同，设主客观重要程度分别为 α,β，故有下面的权重确定优化模型：

$$\min H(w_j)=\alpha\sum_{s=1}^{l}(w_j-w_{sj})^2+\beta\sum_{b=l+1}^{k}(w_j-w_{bj})^2\quad(0\leqslant w_j\leqslant 1,1\leqslant j\leqslant m)$$

$$(3.1)$$

k 个样本分别来自两个总体，按照矩估计的理论，对于每个指标属性 a_j $(1\leqslant j\leqslant m)$，可以得到其期望值：

$$\begin{cases} E(w_{sj})=\dfrac{\sum\limits_{s=1}^{l}w_{sj}}{l}\quad(1\leqslant j\leqslant m)\\[3mm] E(w_{bj})=\dfrac{\sum\limits_{b=l+1}^{k}w_{sj}}{k-l}\quad(1\leqslant j\leqslant m)\end{cases}$$

$$(3.2)$$

由式(3.2)，可以计算每个指标属性 $a_j(1\leqslant j\leqslant m)$ 所对应的主客观区分度 α_j,β_j 如下：

$$\begin{cases} \alpha_j=\dfrac{E(w_{sj})}{E(w_{sj})+E(w_{bj})}\\[3mm] \beta_j=\dfrac{E(w_{bj})}{E(w_{sj})+E(w_{bj})}\end{cases}$$

$$(3.3)$$

对于多属性决策问题，可以看出从两个总体中分别取 m 个样本，同样采用矩估计理论，即得

$$\begin{cases} \alpha=\dfrac{\sum\limits_{j=1}^{m}\alpha_j}{\sum\limits_{j=1}^{m}\alpha_j+\sum\limits_{j=1}^{m}\beta_j}=\dfrac{\sum\limits_{j=1}^{m}\alpha_j}{m}\\[4mm] \beta=\dfrac{\sum\limits_{j=1}^{m}\beta_j}{\sum\limits_{j=1}^{m}\alpha_j+\sum\limits_{j=1}^{m}\beta_j}=\dfrac{\sum\limits_{j=1}^{m}\beta_j}{m}\end{cases}$$

$$(3.4)$$

针对每个属性 $a_j(1\leqslant j\leqslant m)$，其目标函数应该是 $H(w_j)$ 越小越好，故模型(3.1)转化为

$$\min H=(H(w_1),H(w_2),\cdots,H(w_m))$$

$$\text{s.t.} \quad \sum_{j=1}^{m} w_j = 1, \quad 0 \leqslant w_j \leqslant 1 \quad (1 \leqslant j \leqslant m) \tag{3.5}$$

为了求解式(3.5),通过等权的线性加权方法,将其转化为单目标优化模型:

$$\min H = \sum_{j=1}^{m} \sum_{s=1}^{l} \alpha (w_j - w_{sj})^2 + \sum_{j=1}^{m} \sum_{b=l+1}^{k} \beta (w_j - w_{bj})^2$$

$$\text{s.t.} \quad \sum_{j=1}^{m} w_j = 1, \quad 0 \leqslant w_j \leqslant 1 \quad (1 \leqslant j \leqslant m) \tag{3.6}$$

具体求解过程如下:

首先不考虑其约束条件 $0 \leqslant w_j \leqslant 1$,通过拉格朗日乘数法建立 Lagrange 函数:

$$y = \sum_{j=1}^{m} \sum_{s=1}^{l} \alpha (w_j - w_{sj})^2 + \sum_{j=1}^{m} \sum_{b=l+1}^{k} \beta (w_j - w_{bj})^2 - k\lambda \left(\sum_{j=1}^{m} w_j - 1 \right)$$

由微积分知识可以得到

$$\frac{\partial y}{\partial w_j} = 2\alpha \sum_{s=1}^{l} \alpha (w_j - w_{sj})^2 + 2\beta \sum_{b=l+1}^{k} \beta (w_j - w_{bj})^2 + k\lambda = 0$$

$$\Rightarrow \quad w_j = \frac{2\alpha \sum_{s=1}^{l} w_{sj} + 2\beta \sum_{b=l+1}^{k} w_{bj} - k\lambda}{2k} \tag{3.7}$$

将式(3.7)与 $\sum_{j=1}^{m} w_j = 1$ 联立,立即得到每个属性的权重,如下:

$$w_j = \frac{\alpha \sum_{s=1}^{l} w_{sj} + \beta \sum_{b=l+1}^{k} w_{bj}}{k} - \frac{1}{m} \left[\frac{\sum_{j=1}^{m} \left(\alpha \sum_{s=1}^{l} w_{sj} + \beta \sum_{b=l+1}^{k} w_{bj} \right)}{k} - 1 \right] \tag{3.8}$$

由此,我们可以得到变权的基于面积的灰色关联决策模型:

$$\gamma(X_0, X_i) = \sum_{k=1}^{n} w_j \gamma(x_0^0(k), x_i^0(k))$$

则 $\gamma(X_0, X_i)$ 被称为 X_0 与 X_i 的基于面积的灰色关联度。

3.3.3　基于面积的灰色关联决策算法步骤

基于面积的灰色关联决策算法步骤如下:

(1) 计算决策问题理想最优方案和负理想方案的效果评价向量,构造决策矩阵 B 和 C。

(2) 利用命题 3.3 和命题 3.4 对决策矩阵 B 和 C 中的效果评价值 a_{ij} 进行

规范化处理,得到两个矩阵 B_1 和 C_1。

（3）利用定理 3.1 和定理 3.2 构造与理想方案和负理想方案的面积矩阵 S_1，S_2 及面积关联系数矩阵 γ^+，γ^-。

（4）分别计算备选方案与理想方案和负理想方案的关联度 γ_{0i}^+，γ_{0i}^-。

（5）计算各备选方案的灰色关联相对贴近度的值 c_{0i}，然后根据 c_{0i} 的大小对方案进行排序。

3.3.4　算例分析

某造船厂某一船舶建造工程项目有 4 个建造方案,每个方案有 6 个指标,每个指标具体数据如表 3.1 所示,现需要在这 4 个建造方案中选择一个最优方案或者给这 4 个方案进行排序,以供厂方做出决策时参考。

表 3.1　船舶建造工程项目表

	工期(天)	劳动力成本(万元)	资金时间成本(万元)	利润(万元)	船坞占用周期(天)	预期返工率(%)
A_1	256	3020	140	1543	80	1.7
A_2	243	2867	133	1482	74	1.3
A_3	268	3175	156	1435	89	1.6
A_4	239	2820	127	1429	72	1.2

该案例的理想方案 $A_0^+ = (239, 2820, 127, 1543, 72, 1.2)$，负理想方案 $A_0^- = (268, 3175, 156, 1429, 89, 1.7)$，由此可以构造矩阵 B 和 C：

$$B = \begin{bmatrix} A_0^+ \\ A_1 \\ A_2 \\ A_3 \\ A_4 \end{bmatrix} = \begin{bmatrix} 239 & 2820 & 127 & 1543 & 72 & 1.2 \\ 256 & 3020 & 140 & 1543 & 50 & 1.7 \\ 243 & 2867 & 133 & 1482 & 74 & 1.3 \\ 268 & 3175 & 156 & 1435 & 89 & 1.6 \\ 239 & 2820 & 127 & 1429 & 72 & 1.2 \end{bmatrix}$$

$$C = \begin{bmatrix} A_0^- \\ A_1 \\ A_2 \\ A_3 \\ A_4 \end{bmatrix} = \begin{bmatrix} 268 & 3175 & 156 & 1429 & 89 & 1.7 \\ 256 & 3020 & 140 & 1543 & 50 & 1.7 \\ 243 & 2867 & 133 & 1482 & 74 & 1.3 \\ 268 & 3175 & 156 & 1435 & 89 & 1.6 \\ 239 & 2820 & 127 & 1429 & 72 & 1.2 \end{bmatrix}$$

由命题 3.3 和命题 3.4,对原始指标矩阵 B 和 C 进行规范化处理可以得到矩阵 B_1 和 C_1:

$$B_1 = \begin{bmatrix} 1 & 1 & 1 & 1 & 1 & 1 \\ 0.41 & 0.44 & 0.55 & 1 & 0.53 & 0 \\ 0.86 & 0.87 & 0.79 & 0.46 & 0.88 & 0.8 \\ 0 & 0 & 0 & 0.05 & 0 & 0.2 \\ 1 & 1 & 1 & 0 & 1 & 1 \end{bmatrix}$$

$$C_1 = \begin{bmatrix} 0 & 0 & 0 & 0 & 0 & 0 \\ 0.41 & 0.44 & 0.55 & 1 & 0.53 & 0 \\ 0.86 & 0.87 & 0.79 & 0.46 & 0.88 & 0.8 \\ 0 & 0 & 0 & 0.05 & 0 & 0.2 \\ 1 & 1 & 1 & 0 & 1 & 1 \end{bmatrix}$$

根据定理 3.1 构造面积矩阵 S_1,S_2 和定理 3.2 构造面积关联系数矩阵 γ^+, γ^-,在此只对理想方案矩阵进行变换,类似可以对负理想方案矩阵进行变换:

$$S_1 = \begin{bmatrix} 0.575 & 0.505 & 0.225 & 0.235 & 0.735 & \otimes_{16} \\ 0.135 & 0.17 & 0.375 & 0.33 & 0.16 & \otimes_{26} \\ 1 & 1 & 0.975 & 0.975 & 0.9 & \otimes_{36} \\ 0 & 0 & 0.5 & 0.5 & 0 & \otimes_{46} \end{bmatrix}$$

其中,$\otimes_{16} = [0,0.5]$,$\otimes_{26} = [0.1,0.6]$,$\otimes_{36} = [0.4,0.9]$,$\otimes_{46} = [0,0.5]$。根据命题 3.5,分别求出它们的均值白化值作为它们的面积值。由定义 3.2,可以计算面积关联矩阵 γ^+:

$$\gamma^+ = \begin{bmatrix} 0.465 & 0.498 & 0.689 & 0.680 & 0.405 & 0.667 \\ 0.787 & 0.746 & 0.571 & 0.602 & 0.758 & 0.588 \\ 0.333 & 0.333 & 0.339 & 0.339 & 0.357 & 0.435 \\ 1 & 1 & 0.5 & 0.5 & 1 & 0.667 \end{bmatrix}$$

由定理 3.2,可以计算被选方案与理想方案的关联度:

$$\gamma_{01}^+ = \gamma(X_0, X_1) = \frac{1}{6} \sum_{k=1}^{6} \gamma(x_0^0(k), x_1^0(k)) = 0.567$$

同理可得

$$\gamma_{02}^+ = 0.675, \quad \gamma_{03}^+ = 0.356, \quad \gamma_{04}^+ = 0.778$$

类似地,可以计算与负理想方案的关联度:

$$\gamma_{01}^- = 0.528, \quad \gamma_{02}^- = 0.339, \quad \gamma_{03}^- = 0.886, \quad \gamma_{04}^- = 0.40$$

最后,利用定义 3.3,分别计算各被选方案的灰色关联相对贴近度的值:

$$C_{01} = \frac{\gamma_{01}^+}{\gamma_{01}^+ + \gamma_{01}^-} = \frac{0.567}{0.567 + 0.528} = 0.518$$

同理可得

$$C_{02} = 0.628, \quad C_{03} = 0.287, \quad C_{04} = 0.660$$

由此得到 4 个方案的排序,即 $A_4 > A_2 > A_1 > A_3$,故 A_4 为最优方案。该结论与实际情况和定性分析结果完全一致。为了方便与其他方法比较,表 3.2 给出了基于不同关联度的决策效果值。

表 3.2　基于不同关联度的决策效果值

基于邓氏关联度的决策效果值			基于综合关联度的决策效果值			基于面积关联度的决策效果值		
γ_{0i}^+	γ_{0i}^-	c_{0i}	γ_{0i}^+	γ_{0i}^-	c_{0i}	γ_{0i}^+	γ_{0i}^-	c_{0i}
0.9180	0.8510	0.519	0.9834	0.9881	0.4986	0.567	0.538	0.518
0.9284	0.8446	0.518	0.9927	0.9765	0.5041	0.675	0.339	0.628
0.8524	0.9906	0.462	0.9728	0.9992	0.4933	0.356	0.886	0.287
0.9227	0.8444	0.521	0.9839	0.9726	0.5028	0.778	0.400	0.660

注:γ_{0i}^+,γ_{0i}^- 分别表示与理想方案和负理想方案的关联度;c_{0i} 表示相对关联贴近度。

从表 3.2 可以看出,如果按照与理想方案的关联度排序,则基于邓氏关联度的排序为 $A_2 > A_4 > A_1 > A_3$;基于综合关联度的排序为 $A_2 > A_4 > A_1 > A_3$;而基于面积关联度的排序为 $A_4 > A_2 > A_1 > A_3$。如果按照相对贴近度的模型排序,则基于邓氏关联度的排序为 $A_4 > A_1 > A_2 > A_3$;基于综合关联度的排序为 $A_2 > A_4 > A_1 > A_3$;基于面积关联度的排序为 $A_4 > A_2 > A_1 > A_3$。从表 3.2 的结果可知,基于综合关联度的排序与基于面积关联度的排序的差别只是前面两方案 A_2 和 A_4 的顺序不同,这就说明了以面积来度量关联性对于多属性决策是合理的,但是综合关联度中的面积是两条曲线之间的总面积,这同基于面积的关联度计算公式中的面积作为关联系数是有区别的。另外,综合关联度中的 θ 取值会对决策产生影响。以上两个原因造成基于综合关联度的排序和基于面积关联度的排序不完全一致。从表 3.2 的结果可以看出,在基于面积的关联度的决策模型中,只考虑与理想方案的关联度的排序结果同既考虑与理想方案,又考虑与负理想方案的灰色关联相对贴近度决策模型的排序结果完全一致,这也进一步说明了利用面积作为关联系数是合理的,因为关联系数是被选方案序列曲线与理想方案序列曲线间两个指标间的面积,这既充分考虑到了决策指标之间的相互影响，又考虑到了与理想方案之间的距离。如果这两者排序不一致，要选择以灰色关联相对贴近度值的大小进行排序，因为它既能充分利用信息，又能反映动态变化趋势的一致性。

3.4　基于"功能驱动"和"差异驱动"原理的灰色关联贴近度决策方法

在决策评价过程中，首先要构建一套科学完整的评价指标体系，其次要对各个评价指标赋予权重，如何合理地确定指标权重关系到方案排序的正确性和可靠性。目前，确定指标权重主要有三类方法：第一类是基于"功能驱动"原理的赋权方法，其最主要的共性是体现决策者的主观偏好，例如 Delphi 法[114]、特征向量法[115]、最小平方和法[116]等；第二类是基于"差异驱动"原理的赋权方法，其主要共性是不体现决策者的主观色彩，而是基于决策矩阵信息的客观赋权，例如熵法[117]、多目标规划方法[118]、主成分分析方法[119]等；第三类是综合集成赋权法，例如组合赋权法[120]、基于粗集理论的综合赋权法[121]、熵系数综合集成法[122]、基于模糊判断矩阵的专家法[123]等。对于同一综合评价问题来说，第一类和第二类方法各有千秋。基于"功能驱动"原理的主观赋权法主要依赖于专家的知识、偏好和经验，尽管表达了决策者的主观判断，但会使评价结果带有主观随意性。基于"差异驱动"原理的客观赋权方法依赖于数理和优化理论，通过严谨的数理逻辑推理来确定指标权重，但是通过数理推理往往会忽略专家的一些主观的而对决策起到至关重要作用的经验和信息。一个自然的想法就是将两类赋权法进行集成，使主客观信息通过指标权重被充分地表达出来。另外，从解释性的视角看，主观赋权法具有较好的解释性，而客观赋权法解释性较差，虽然客观赋权法是通过严密的数理推导来确定指标权重的，客观性较强，但有时确定的指标权重往往和实际情况的重要程度相悖，或者很难做出确切的解释。[124]从系统分析的视角看，主客观组合赋权法表现为一种系统分析的科学思想。[125]从再现性和继承性视角看，主观赋权法在评价过程中有较差的再现性和透明性，但权重系数具有继承性和保序性，而客观赋权法权重系数依模型而有变化,故权重系数继承性和保序性较差。[126]因此,若只用一类方法赋权很有可能因方法选择不同而使指标权重系数偏倚。利用灰色关联度和其他方法集成进行权重的确定是灰色理论在决策方面应用的推广。例如文献[127]提出了一种利用灰色关联度主客观集成的赋权方法。文献[128]是将灰色关联度与理想解法的集成进行决策。文献[129]将 AHP 和 DEA 与灰色关联方法集成,利用灰色关联度求解指标的权重,但也有其不足:① 关联度都是利用"邓氏关联度",而该关联度的关联系数是从距离的角度进行计算的,对于多指标赋值有时效果不是很好。② 指标相互之间也有联系,因此这样计算的关联系数可能不能全面客观地反映指标的权重。基于以上各方面的考虑,本节首先在计算关联度系数时,采用基于面积的灰色关联系数的计算方法,这既考虑了指标之间的距离,又考虑了平行指标间的相互影响。另外,为了解决信息利用不充分和方案的动态变化不一致性问题,拟借用 TOPSIS 的思想定义一种能够测度方案排序的模型——灰色关联贴近度模型。本节以主观赋权 AHP 法和客观赋权 DEA 法为辅助模型,构建灰色关联贴近度模型来讨论方案排序问题。

3.4.1　基于 AHP 和 DEA 的权重确定

3.4.1.1　AHP 方法确定权重简介

考虑 m 个评价准则,记 $J=\{1,2,\cdots,m\}$ 为下标集合,准则两两比较得到判断矩阵 $A=(a_{ij})_{m\times m}$。A 导出的归一化权重 ω 由 $A\omega=\lambda_{\max}\omega$ 求得,$\omega=(\omega_1,\omega_2,\cdots,\omega_m)^{\mathrm{T}}$,其中,$\lambda_{\max}$ 为 A 的最大特征值。A 的一致性比率 $CR=\dfrac{CI}{RI}$,其中 CI 为一致性指标,计算公式为 $CI=(\lambda_{\max}-m)/(m-1)$,$RI$ 为随机一致性指标,若 $CR\leqslant0.10$,称 A 是满意一致性判断矩阵,因此 m 个评价准则的权重即为 ω。

3.4.1.2　DEA 方法确定权重简介

DEA 是通过求其最优解来确定指标权重的,常用的 DEA 模型是 C^2R 模型,其基本原理是:假定有 m 个决策单元 $DMU_i(i=1,2,\cdots,m)$,n 个评价指标,每个 DMU_i 都有 p 个类型输入和 q 个类型输出,其对应输入和输出向量分别为

$$X_i=(x_{1i},x_{2i},\cdots,x_{pi})^{\mathrm{T}},\quad Y_i=(y_{1i},y_{2i},\cdots,y_{qi})^{\mathrm{T}}$$

$$X_i > 0, \quad Y_i > 0 \quad 且 \quad p + q = n$$

设 $v = (v_1, v_2, \cdots, v_s, \cdots, v_p)^{\mathrm{T}}, u = (u_1, u_2, \cdots, u_t, \cdots, u_q)^{\mathrm{T}}$ 分别为输入向量和输出向量的权重。对第 j_0 个 DMU 进行效率评价,以第 j_0 个 DMU 的效率指数 h_0 为目标,在效率评价指标 $h_j \leqslant 1 (j = 1, 2, \cdots, m)$ 的约束条件下,求使得 h_0 取得最大值时的权重系数 u 和 v。其优化模型如下[130]:

$$\max h_0 = \frac{\displaystyle\sum_{r=1}^{q} u_r y_{rj_0}}{\displaystyle\sum_{i=1}^{p} v_i x_{ij_0}}$$

$$\text{s.t.} \quad \frac{\displaystyle\sum_{r=1}^{q} u_r y_{rj}}{\displaystyle\sum_{i=1}^{p} v_i x_{ij}} \leqslant 1 \quad (1 \leqslant j \leqslant m, v \geqslant 0, u \geqslant 0)$$

上式通过 Charnes-Cooper 变换,等价地化为一个线性规划模型,利用 LINGO 编程求解并进行归一化处理即可得到各指标相应的权重:

$$w_i = (v_1', v_2', \cdots, v_s', \cdots, v_p', u_1', u_2', \cdots, u_t', \cdots, u_q')^{\mathrm{T}}$$

3.4.1.3　基于灰色关联贴近度模型的综合权重集成

设某决策问题有 m 个备选方案,每个备选方案有 n 个指标,称 $A_i = (a_{i1}, a_{i2}, \cdots, a_{ij}, \cdots, a_{in}) (i = 1, 2, \cdots, m; j = 1, 2, \cdots, n)$ 为第 i 个方案的指标序列,则 m 个方案的指标序列原始值构成矩阵 A,其中

$$A = \begin{bmatrix} A_1 \\ A_2 \\ \vdots \\ A_m \end{bmatrix} = \begin{bmatrix} a_{11} & a_{12} & \cdots & a_{1n} \\ a_{21} & a_{22} & \cdots & a_{2n} \\ \vdots & \vdots & & \vdots \\ a_{m1} & a_{m2} & \cdots & a_{mn} \end{bmatrix} \tag{3.9}$$

3.4.2　基于面积的灰色关联贴近度模型构建

3.4.2.1　确定最优方案指标集和最劣方案指标集

设最优方案指标集为 $A_0^+ = (a_{01}^+, a_{02}^+, \cdots, a_{0n}^+)$,其中 $a_{0j}^+ (j = 1, 2, \cdots, n)$ 为第 j 个指标的最优值。最优值的取法要根据指标的类型确定,若指标为效益型,则取最大值为最优值;若指标为成本型,则取最小值为最优值。设最劣方案指标

集为 $A_0^- = (a_{01}^-, a_{02}^-, \cdots, a_{0n}^-)$，其中 $a_{0j}^- (j=1,2,\cdots,n)$ 为第 j 个指标的最劣值，取法要根据指标的类型确定，方法与最优值取法正好相反。在最优指标集和最劣指标集确定后，可以构造两个建模矩阵 B 和 C：

$$\left\{ \begin{aligned} B = \begin{bmatrix} A_0^+ \\ A_1 \\ A_2 \\ \vdots \\ A_m \end{bmatrix} = \begin{bmatrix} a_{01}^+ & a_{02}^+ & \cdots & a_{0n}^+ \\ a_{11} & a_{12} & \cdots & a_{1n} \\ a_{21} & a_{22} & \cdots & a_{2n} \\ \vdots & \vdots & & \vdots \\ a_{m1} & a_{m2} & \cdots & a_{mn} \end{bmatrix} \\ C = \begin{bmatrix} A_0^- \\ A_1 \\ A_2 \\ \vdots \\ A_m \end{bmatrix} = \begin{bmatrix} a_{01}^- & a_{02}^- & \cdots & a_{0n}^- \\ a_{11} & a_{12} & \cdots & a_{1n} \\ a_{21} & a_{22} & \cdots & a_{2n} \\ \vdots & \vdots & & \vdots \\ a_{m1} & a_{m2} & \cdots & a_{mn} \end{bmatrix} \end{aligned} \right. \tag{3.10}$$

3.4.2.2　构造规范化建模矩阵

由于各个指标只反映系统的某个方面，为了便于比较，首先消除不同指标之间的量纲和数量级差异。因此，必须对指标进行规范化处理，此处利用极值处理方法[18]。

对于指标 a_j 为极小型的情况：

$$a_{ij}^* = \frac{M_j - a_{ij}}{M_j - m_j} \quad (i=1,2,\cdots,m; j=1,2,\cdots,n) \tag{3.11}$$

式中，$a_{ij}^* \in [0,1]$。

对于指标 a_j 为极大型的情况：

$$a_{ij}^* = \frac{a_{ij} - m_j}{M_j - m_j} \quad (i=1,2,\cdots,m; j=1,2,\cdots,n) \tag{3.12}$$

式中，$a_{ij}^* \in [0,1]$，$M_j = \max\limits_i \{a_{ij}\} = \max\{a_{0j}, a_{1j}, a_{2j}, \cdots, a_{mj}\}$，$m_j = \min\limits_i \{a_{ij}\} = \min\{a_{0j}, a_{1j}, a_{2j}, \cdots, a_{mj}\}$，数据处理后可以构造一个规范化的建模矩阵：

$$D = \begin{bmatrix} A_0^* \\ A_1^* \\ A_2^* \\ \vdots \\ A_m^* \end{bmatrix} = \begin{bmatrix} a_{01}^* & a_{02}^* & \cdots & a_{0n}^* \\ a_{11}^* & a_{12}^* & \cdots & a_{1n}^* \\ a_{21}^* & a_{22}^* & \cdots & a_{2n}^* \\ \vdots & \vdots & & \vdots \\ a_{m1}^* & a_{m2}^* & \cdots & a_{mn}^* \end{bmatrix} \tag{3.13}$$

3.4.2.3　基于面积关联系数矩阵的确定

在决策过程中由于系统评价指标之间可能存在相互影响,因此,在利用灰色关联决策时,不同方案之间的关联度不仅与不同方案同一指标之间的距离有关,而且也与同一方案相邻的两个指标之间的距离有关系。因此,可以用两个方案的序列折线相邻指标之间对应的面积作为灰色关联系数。该关联系数作为两序列局部相似度的衡量标准,采用两级最小差与最大差综合考虑系统中比较序列对关联系数的影响。

定义 3.4　设行为指标序列 $X_0 = (x_0(1), x_0(2), \cdots, x_0(n))$,$X_i = (x_i(1), x_i(2), \cdots, x_i(n))$,且 $X_0^0 = (x_0^0(1), x_0^0(2), \cdots, x_0^0(n))$,$X_i^0 = (x_i^0(1), x_i^0(2), \cdots, x_i^0(n))(i=1,2,\cdots,m)$ 为 $X_0(k)$,$X_i(k)$ 经过规范化处理后的序列,则对于任意 $\xi \in (0,1)$,令

$$\delta_{ij} = \gamma(x_0^0(k), x_i^0(k)) = \frac{\min\limits_i \min\limits_k |S_{0i}(k)| + \xi \max\limits_i \max\limits_k |S_{0i}(k)|}{|S_{0i}(k)| + \xi \max\limits_i \max\limits_k |S_{0i}(k)|}$$

为面积关联系数,ξ 为分辨系数,$S_{0i}(k)$ 为两折线相邻指标间多边形的面积。

定理 3.3　设 $X_0^0(k)$,$X_i^0(k)$ 分别为 $X_0(k)$,$X_i(k)$ 经过规范化处理后的序列,$S_{0i}(k)$ 为两折线相邻指标间多边形的面积,则

$$S_{0i}(k) = \int_k^{k+1} |X_0^0(t) - X_i^0(t)| \, dt =$$

$$\begin{cases} \dfrac{|(x_i^0(k+1) + x_i^0(k)) - (x_0^0(k+1) + x_0^0(k))|}{2} & \text{(多边形为梯形时)} \\[4mm] \dfrac{1}{2}|x_0^0(k+1) - x_i^0(k+1)| \text{ 或 } \dfrac{1}{2}|x_0^0(k) - x_i^0(k)| & \text{(梯形退化为三角形时)} \\[4mm] \dfrac{1}{2}|(x_0^0(k) + x_i^0(k)) - (x_0^0(k+1) + x_i^0(k+1))| \\[2mm] -\dfrac{|x_i^0(k) - x_0^0(k)| \cdot |x_0^0(k+1) - x_i^0(k+1)|}{|x_i^0(k) - x_0^0(k) - x_i^0(k+1) + x_0^0(k+1)|} & \text{(两个三角形时)} \end{cases}$$

证明　两直线的位置情况主要有 3 种,具体如图 3.1、图 3.2 和图 3.3 所示。以下分 3 种情况进行讨论并证明。

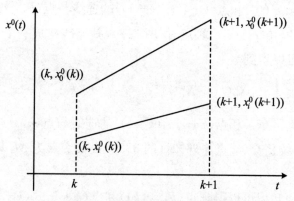

图 3.1　指标连线构成一个梯形

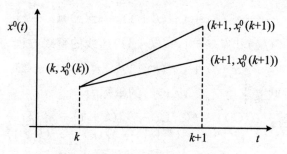

图 3.2　指标连线构成一个三角形

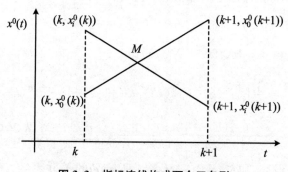

图 3.3　指标连线构成两个三角形

（1）当点 $(k, x_0^0(k))$ 和点 $(k+1, x_0^0(k+1))$ 的连线与点 $(k, x_i^0(k))$ 和点 $(k+1, x_i^0(k+1))$ 的连线不相交时（图 3.1），即四个点的连线构成一个梯形，故由梯形面积公式可以得到

$$S_{0i}(k) = \int_k^{k+1} |X_0^0(t) - X_i^0(t)| \, \mathrm{d}t$$

$$= \frac{|(x_i^0(k+1) + x_i^0(k)) - (x_0^0(k+1) + x_0^0(k))|}{2}$$

（2）当点$(k,x_0^0(k))$和点$(k+1,x_0^0(k+1))$的连线与点$(k,x_i^0(k))$和点$(k+1,$ $x_i^0(k+1))$的连线相交于某一端点时（图 3.2），其连线构成一个三角形，故由三角形面积公式可以得到

$$S_{0i}(k) = \int_k^{k+1} |X_0^0(t) - X_i^0(t)| \, dt = \frac{1}{2} |x_0^0(k+1) - x_i^0(k+1)|$$

（3）当点$(k,x_0^0(k))$和点$(k+1,x_0^0(k+1))$的连线与点$(k,x_i^0(k))$和点$(k+1,$ $x_i^0(k+1))$的连线相交（端点除外）时（图 3.3），设其交点为 M，其连线构成两个三角形。

由解析几何知识可以得到点$(k,x_0^0(k))$和点$(k+1,x_0^0(k+1))$连线的直线方程为

$$y = x_0^0(k) + (x_0^0(k+1) - x_0^0(k))(x-k)$$

同理得到点$(k,x_i^0(k))$和点$(k+1,x_i^0(k+1))$连线的直线方程为

$$y = x_i^0(k) + (x_i^0(k+1) - x_i^0(k))(x-k)$$

将上面两个方程联立求得交点 $M(x,y)$ 的坐标为

$$x = \frac{(x_i^0(k) - x_0^0(k)) + k(x_i^0(k) + x_0^0(k+1) - x_0^0(k) - x_i^0(k+1))}{x_i^0(k) + x_0^0(k+1) - x_0^0(k) - x_i^0(k+1)}$$

$$y = \frac{x_i^0(k) \cdot x_0^0(k+1) - x_0^0(k) \cdot x_i^0(k+1)}{x_i^0(k) + x_0^0(k+1) - x_0^0(k) - x_i^0(k+1)}$$

故两个三角形的面积为

$$S_{0i}(k) = \int_k^{k+1} |X_0^0(t) - X_i^0(t)| \, dt$$

$$= \frac{1}{2} |(x_i^0(k) + x_0^0(k)) - (x_0^0(k+1) + x_i^0(k+1))|$$

$$- \frac{|x_i^0(k) - x_0^0(k)| \cdot |x_0^0(k+1) - x_i^0(k+1)|}{|x_i^0(k) - x_0^0(k) - x_i^0(k+1) + x_0^0(k+1)|}$$

定义 3.5　设 δ_{ij}^+ 和 δ_{ij}^- 是由定义 3.4 所定义的关联系数，若 δ_{ij}^+ 是第 i 个方案的第 j 个指标与最优方案的第 j 个指标的关联系数，则称矩阵

$$F_1 = \begin{bmatrix} \delta_{11}^+ & \delta_{12}^+ & \cdots & \delta_{1n}^+ \\ \delta_{21}^+ & \delta_{22}^+ & \cdots & \delta_{2n}^+ \\ \vdots & \vdots & & \vdots \\ \delta_{m1}^+ & \delta_{m2}^+ & \cdots & \delta_{mn}^+ \end{bmatrix}$$

为最优方案指标的关联系数矩阵（简称优关联系数矩阵）。若 δ_{ij}^- 是第 i 个方案的第 j 个指标与最劣方案的第 j 个指标的关联系数，则称矩阵

$$F_2 = \begin{bmatrix} \delta_{11}^- & \delta_{12}^- & \cdots & \delta_{1n}^- \\ \delta_{21}^- & \delta_{22}^- & \cdots & \delta_{2n}^- \\ \vdots & \vdots & & \vdots \\ \delta_{m1}^- & \delta_{m2}^- & \cdots & \delta_{mn}^- \end{bmatrix}$$

为最劣方案指标的关联系数矩阵(简称劣关联系数矩阵)。

3.4.2.4　基于 TOPSIS 思想的各备选方案的灰色关联贴近度

定义 3.6　设 F_{1i}, F_{2i} 分别是关联系数矩阵 F_1, F_2 的行向量，W_i^* 为指标的综合权重向量，则称 R_{si}^+, R_{si}^- ($i=1,2,\cdots,m$)分别为最优方案关联度和最劣方案关联度，其中

$$R_{si}^+ = F_{1i} \times W_i^* = [\delta_{i1}^+, \delta_{i2}^+, \cdots, \delta_{in}^+] \times [w_1^*, w_2^*, \cdots, w_n^*]^{\mathrm{T}} \quad (3.14)$$

$$R_{si}^- = F_{2i} \times W_i^* = [\delta_{i1}^-, \delta_{i2}^-, \cdots, \delta_{in}^-] \times [w_1^*, w_2^*, \cdots, w_n^*]^{\mathrm{T}} \quad (3.15)$$

灰色关联度作为方案选优的测度，其基本思想是：基于两方案数据序列折线的相似程度和相对于始点的变换速率的接近程度来进行比较分析，以曲线的相似程度的大小作为关联程度的标准。对于多指标决策问题来说，必须从备选方案与最优和最劣两个方案的关联度去考虑排序，而不能仅从与最优方案的关联度的大小进行排序，否则，可能会出现备选方案与最优方案和最劣方案关联度都很大进而造成不一致性问题。因此，本节定义了一个能够测度备选方案与最优方案和最劣方案动态变化趋势一致性问题的度量标准。

定义 3.7　令 $C_i = \dfrac{R_{si}^+}{R_{si}^+ + R_{si}^-}$ ($i=1,2,\cdots,m$)为灰色关联贴近度。其中，R_{si}^+, R_{si}^- 同定义 3.6。

根据定义 3.7 中"灰色关联贴近度 C_i 的值"，可以对备选方案进行排序，若 C_i 越大，则方案越优。

3.4.2.5　灰色关联贴近度决策算法步骤

灰色关联贴近度决策算法步骤如下：

(1) 基于"功能驱动"原理的主观赋权法确定指标权重(本章是 AHP 方法)；

(2) 基于"差异驱动"原理的客观赋权法确定指标权重(本章是 DEA 方法)；

(3) 综合集成赋权法指标权重的确定；

(4) 计算灰色关联贴近度；

(5) 按照第(4)步所计算指标权重的灰色关联贴近度值,对各方案进行排序。

3.4.3 实例分析

为了方便比较,利用文献[129]中的案例:某工程项目招标,经初审后确定 4 家投标单位(编号分别为 A_1,A_2,A_3,A_4)进入最后评标阶段。通过 Delphi 法确定评价指标集由 5 个指标组成,即工程报价(B_1)、工程工期(B_2)、工程质量(B_3)、施工技术(B_4)和企业信誉(B_5)。各指标具体含义解释见文献[129],各投标方案指标原始数据如表 3.3 所示。

表 3.3 各投标方案指标原始数据

供应商投标方案	工程报价(万元)	工期(天数)	工程质量	施工技术	信誉度
A_1	1260	280	8	5	5
A_2	1230	300	6	7	7
A_3	1200	320	5	5	6
A_4	1240	290	7	6	5

(1) 基于 AHP 的指标权重计算

$$W = [w_1, w_2, \cdots, w_n]^T = (0.479, 0.248, 0.139, 0.081, 0.053)^T$$

(2) 基于 DEA 的指标权重计算

针对方案 A,通过 LINGO 编程求解,可以得到 $W_1 = (0, 0.533, 0.467, 0, 0)^T$;同理可以得到方案 B,C,D 的权重,得到 $W_2 = (0, 0.488, 0.216, 0, 0.296)^T$;$W_3 = (0.506, 0, 0, 0, 0.494)^T$;$W_4 = (0.478, 0, 0.219, 0.303, 0)^T$。

(3) 综合权重的计算

综合权重的确定一般是利用"加法"集成方法[99],设 p_i,q_i 分别是基于主客观赋权原理生成的指标 x_j 的权重系数,则称 $w_j = k_1 \cdot p_j + k_2 \cdot q_j (j = 1, 2, \cdots, m)$ 是具有同时体现主客观信息集成特征的权重系数,k_1,k_2 为待定偏好系数 ($k_1 > 0$,$k_2 > 0$ 且 $k_1 + k_2 = 1$)。

此处取 $k_1 = k_2 = 0.5$,故得到

$$W_i^* = 0.5W + 0.5W_i \quad (i = 1, 2, 3, 4)$$

$$W_1^* = 0.5W + 0.5W_1$$

$$= 0.5 (0.479, 0.248, 0.139, 0.081, 0.053)^{\mathrm{T}}$$
$$+ 0.5 (0, 0.533, 0.467, 0, 0)^{\mathrm{T}}$$
$$= (0.240, 0.390, 0.303, 0.040, 0.027)^{\mathrm{T}}$$

同理,

$$W_2^* = 0.5W + 0.5W_2 = (0.240, 0.368, 0.177, 0.040, 0.175)^{\mathrm{T}}$$
$$W_3^* = 0.5W + 0.5W_3 = (0.493, 0.124, 0.070, 0.040, 0.273)^{\mathrm{T}}$$
$$W_4^* = 0.5W + 0.5W_4 = (0.479, 0.124, 0.179, 0.192, 0.026)^{\mathrm{T}}$$

(4) 基于 AHP 和 DEA 的灰色关联贴近度计算

① 确定最优方案指标集和最劣方案指标集。本书最优方案指标集 $A_0^+ = (1200, 280, 8, 7, 7)$,最劣方案指标集 $A_0^- = (1260, 320, 5, 5, 5)$,选定最优和最劣方案指标集后,由式(3.10)构造矩阵 B 和 C:

$$B = \begin{bmatrix} A_0^+ \\ A_1 \\ A_2 \\ A_3 \\ A_4 \end{bmatrix} = \begin{bmatrix} 1200 & 280 & 8 & 7 & 7 \\ 1260 & 280 & 8 & 6 & 5 \\ 1230 & 300 & 6 & 7 & 7 \\ 1200 & 320 & 5 & 5 & 6 \\ 1240 & 290 & 7 & 6 & 5 \end{bmatrix}, \quad C = \begin{bmatrix} A_0^- \\ A_1 \\ A_2 \\ A_3 \\ A_4 \end{bmatrix} = \begin{bmatrix} 1260 & 320 & 5 & 5 & 5 \\ 1260 & 280 & 8 & 6 & 5 \\ 1230 & 300 & 6 & 7 & 7 \\ 1200 & 320 & 5 & 5 & 6 \\ 1240 & 290 & 7 & 6 & 5 \end{bmatrix}$$

② 构造规范化建模矩阵。利用极值方法对原始指标建模矩阵 B 和 C 进行规范化处理,根据式(3.3)~式(3.5)可以得到规范化的建模矩阵 D_1 和 D_2:

$$D_1 = \begin{bmatrix} 1 & 1 & 1 & 1 & 1 \\ 0 & 1 & 1 & 0.5 & 0 \\ 0.5 & 0.5 & 0.333 & 1 & 1 \\ 1 & 0 & 0 & 0 & 0.5 \\ 0.333 & 0.75 & 0.667 & 0.5 & 0 \end{bmatrix}$$

$$D_2 = \begin{bmatrix} 0 & 0 & 0 & 0 & 0 \\ 0 & 1 & 1 & 0.5 & 0 \\ 0.5 & 0.5 & 1 & 0.5 & 0 \\ 1 & 0 & 0.333 & 1 & 1 \\ 0.333 & 0.75 & 0.667 & 0.5 & 0 \end{bmatrix}$$

③ 基于面积的关联系数矩阵的确定。根据定理 3.3 和定义 3.4 分别得到面积矩阵 S_1, S_2 和基于面积的关联系数矩阵 F_1 和 F_2:

$$S_1 = \begin{bmatrix} 0.5 & 0 & 0.25 & 0.75 & 0.25 \\ 0.5 & 0.584 & 0.334 & 0 & 0.25 \\ 0.5 & 1 & 1 & 0.75 & 0.5 \\ 0.459 & 0.292 & 0.417 & 0.25 & 0.25 \end{bmatrix}$$

$$S_2 = \begin{bmatrix} 0.5 & 1 & 0.75 & 0.25 & 0.25 \\ 0.25 & 0.75 & 1 & 0.75 & 0.25 \\ 0.25 & 0.165 & 0.665 & 1 & 0.75 \\ 0.54 & 0.707 & 0.584 & 0.25 & 0.25 \end{bmatrix}$$

$$F_1 = \begin{bmatrix} 0.5 & 1 & 0.667 & 0.4 & 0.667 \\ 0.5 & 0.461 & 0.599 & 1 & 0.667 \\ 0.5 & 0.333 & 0.333 & 0.4 & 0.5 \\ 0.521 & 0.631 & 0.545 & 0.667 & 0.667 \end{bmatrix}$$

$$F_2 = \begin{bmatrix} 0.75 & 0.429 & 0.6 & 1 & 1 \\ 1 & 0.5 & 0.429 & 0.6 & 0.75 \\ 1 & 1.128 & 0.643 & 0.429 & 0.6 \\ 0.721 & 0.620 & 0.692 & 1 & 1 \end{bmatrix}$$

④ 灰色关联贴近度的确定。由定义 3.6 可以求出最优关联度 R_{si}^+ 和最劣关联度 R_{si}^- $(i=1,2,3,4)$：

$$R_{s1}^- = (0.75, 0.429, 0.6, 1, 1) \times (0.240, 0.390, 0.303, 0.040, 0.027)^{\mathrm{T}}$$
$$= 0.5961$$

同理可以得到

$$R_{s2}^- = 0.6552, \quad R_{s3}^- = 0.8588, \quad R_{s4}^- = 0.7641$$
$$R_{s1}^+ = (0.5, 1, 0.667, 0.4, 0.667) \times (0.240, 0.390, 0.303, 0.040, 0.027)^{\mathrm{T}}$$
$$= 0.7461$$

同理可以得到

$$R_{s2}^+ = 0.5434, \quad R_{s3}^+ = 0.4636, \quad R_{s4}^+ = 0.5708$$

由以上计算结果可以看出，如果只按照与最优方案的关联度排序，则 $A_1 > A_4 > A_2 > A_3$，但是方案 A_1 与最劣方案的关联度并不是最大的（即远离最劣方案）。也就是说，该关联度只反映了方案的关联系数与最优方案的大小，而不能反映方案动态变化趋势的一致性。因此，必须从整体的动态趋势去考虑这个问题，重新定义一个标准来测度这种动态变化一致性趋势，即定义 3.7，根据定义

3.7 计算灰色关联贴近度：

$$c_1 = \frac{R_{s1}^+}{R_{s1}^+ + R_{s1}^-} = \frac{0.7461}{0.7461 + 0.5961} = 0.559$$

同理可以得到

$$c_2 = 0.453, \quad c_3 = 0.351, \quad c_4 = 0.428$$

由此可以得出备选方案的排序为：$A_1 > A_2 > A_4 > A_3$。

为了便于说明问题，现将其与其他方法进行比较，结果如表 3.4 所示。

表 3.4　不同方法的结果比较

投标方案	DEA 方法	AHP 方法	文献[13]方法	本节方法
A_1	1.000	0.950	0.802	0.559
A_2	1.000	0.937	0.595	0.453
A_3	0.886	0.886	0.707	0.351
A_4	0.958	0.932	0.499	0.428

由表 3.4 可以看出 DEA 方法不能够区分方案 A_1 和 A_2，并且 DEA 方法是从最有利于每个决策单元角度来确定指标权重的，因此，它忽略了决策者的偏好。文献[100]的方法是基于"邓氏关联度"角度来考虑的，没有考虑指标之间的相互影响。另外，它只考虑与最优方案指标集之间的关联度，所以它的评价结果是 $A_1 > A_3 > A_2 > A_4$，本节的评价结果是 $A_1 > A_2 > A_4 > A_3$。AHP 方法的排序结果和本节最后的排序结果一致，但是每个方案区分度不高。从以上 4 个方法可以看出最优备选方案是 A_1，这与实际情况完全一致。如果结合 DEA 方法和 AHP 方法结果分析，本节的方法更加合理，因为 DEA 方法不能够区分方案 A_1 和 A_2，通过本节方法将其区分，而且方案 A_1 和 A_2 比方案 A_3 和 A_4 要优越。AHP 方法和本节结果一致。这充分说明本节方法同时反映了主客观程度和变换趋势的一致性。灰色关联贴近度方法是从相对的角度区分的，考虑了多方面因素的影响。因此，只要数据大小不同就可以说明方案之间有差别，即区分度较高。

3.5　本　章　小　结

　　灰色关联决策模型在实践中应用比较广泛,本章提出了很多较好的改进方法和不同的关联度模型。对于多属性决策,由于指标之间有相互影响,因此仅考虑指标之间的点对点的距离作为关联系数不是很理想。因此,在邓氏关联度和综合关联度的基础上,本章提出了一种以面积作为关联系数的关联度算法。同时给出了两个命题,使得求被选方案与理想方案和负理想方案间的面积转化为求被选方案曲线与直线 $y=1$ 和 $y=0$ 之间的相邻点间的面积,从而大大减少了运算量。为了解决信息利用不充分和动态变化趋势的不一致性,构建了灰色关联相对贴近度模型,根据相对贴近度的大小对被选方案进行排序。算例表明,在其他关联度决策模型区分度较小甚至失效时,基于面积的关联度决策模型能够得到正确的关联序,获得与定性分析一致的结果。因此,基于面积的灰色关联决策模型对于解决多属性决策问题具有一定的理论和实践意义,对发展和完善灰色关联决策理论具有积极作用。另外,本章提出了一种基于面积关联系数的灰色关联贴近度模型,该方法综合了 DEA,AHP,TOPSIS 和灰色关联度的优点,既考虑了主观赋权,又考虑了客观赋权,特别是从动态角度去考虑变化趋势的一致性问题处理,比较切合问题的实际。同时该方法具有严谨的数理逻辑推理,使其评价结果更具有可行性和科学性。因此,该方法具有一定的理论价值和应用价值。

第4章 基于信息分解区间灰数的
灰色关联决策模型研究

4.1 引　言

　　灰色决策理论是决策理论的一个重要分支,灰色关联决策方法是灰色决策中的重要方法之一。近年来,对灰色关联决策模型的研究取得了很大的进展。文献[39]给出了灰色关联决策的基本理论和方法。在文献[39]的研究基础上,文献[131]从不同的视角构建了不同的关联度模型及其改进形式,但这些研究主要针对属性值为实数型,并没有真正意义上的区间灰数的灰色关联度模型。文献[132]～[134]基于区间灰数的角度,对现有的灰色关联度模型进行了拓展,使其适应指标值为区间灰数的形式。文献[71]、[80]和[81]借鉴区间数和TOPSIS理论,提出了灰色区间关联系数公式,其中包括基于理想点方案的最大关联度方法、基于临界方案的最小关联度方法及同时考虑理想方案和临界方案的综合关联度方法。由于区间数与区间灰数有着本质上的区别,所以依此构造的关联度在某种意义上还没有完全体现灰色理论思想。区间灰数的排序是区间灰数决策问题中的关键问题,文献[7]给出了区间灰数分布已知情况下的灰数排序问题。由于灰数分布已知这一要求,使得该方法适应范围变小。文献[11]提出了一种基于相对核与精确度区间灰数的排序方法,该方法在一定程度上解决了区间灰数可能度方法排序的缺陷。文献[135]对区间灰数之间的距离计算方法进行了研究,通过比较各指标与靶心连线所围成图形面积的大小进行方案优劣排序,该方法能够有效地弱化极端指标值对决策的影响。文献[92]通过定义区间灰数灰度的离散 Choquet 积分,根据方案属性方差最小原则建立优化模型,提出了 Choquet 积分的区间灰数多属性决策方法。指标值为区间灰数的灰色关联决策模型的研究成果颇为丰富。文献[136]建立了基于空间映射的区间灰数序列几何表征体系,将区间灰数序列转成实数序列,进而构建灰数关联决策模型。

　　本章针对区间灰数决策时决策信息得不到充分利用的问题,在决策信息不丢失的前提下利用信息分解方法将区间灰数序列分解成实数型的"白部序列"和"灰部序列"[137],并对信息分解下区间灰数白化值的性质进行了研究。本章在 TOPSIS 理论的基础上建立区间灰数序列间的正、负理想方案的"白部"和"灰部"与备选方案的"白部"和"灰部"之间的灰色关联测度方法,进而构建了灰色关联一致性系数决策模型。对指标权重为区间灰数的情况,本章通过定义区间灰数的相离度与接近度,构建了权重确定的优化模型。算例表明了该模型的可行性和有效性。

4.2　基于信息分解的区间灰数关联决策模型

4.2.1　基本概念

　　定义 4.1　对于任意一个多属性区间灰数的决策矩阵 $A(\otimes) = (a_{ij}(\otimes))_{m \times n}$,若指标是效益型,当 $x_j^+ \in [a_j^{+L}, a_j^{+U}] = [\max(a_{ij}^L), \max(a_{ij}^U)]$($i = 1, 2, \cdots, n$)时,称 x_j^+ 为正理想点;当 $x_j^- \in [a_j^{-L}, a_j^{-U}] = [\min(a_{ij}^L), \min(a_{ij}^U)]$($i = 1, 2, \cdots, n$)时,称 x_j^- 为负理想点。若指标是成本型,当 $x_j^+ \in [a_j^{+L}, a_j^{+U}] = [\min(a_{ij}^L), \min(a_{ij}^U)]$($i = 1, 2, \cdots, n$)时,称 x_j^+ 为正理想点;当 $x_j^- \in [a_j^{-L}, a_j^{-U}] = [\max(a_{ij}^L), \max(a_{ij}^U)]$($i = 1, 2, \cdots, n$)时,称 x_j^- 为负理想点。由正理想点构成的序列为正理想序列,记为 $X(\otimes)^+ = (x_1^+, x_2^+, \cdots, x_m^+)$,由负理想点构成的序列为负理想序列,记为 $X(\otimes)^- = (x_1^-, x_2^-, \cdots, x_m^-)$。

定义 4.2[137]   设区间灰数序列 $X(\otimes)=(\otimes(t_1),\otimes(t_2),\cdots,\otimes(t_n))$，其中 $\otimes(t_k)=[a_k,b_k](k=1,2,\cdots,n)$，将其表示为 $\otimes(t_k)=a_k+h_k\xi(h_k=b_k-a_k,\xi\in[0,1])$，称 a_k 为区间灰数 $\otimes(t_k)$ 的"白部"，称 h_k 为区间灰数 $\otimes(t_k)$ 的"灰部"。所有"白部"构成的序列称为区间灰数 $\otimes(t_k)$ 的白部序列，记为 R；所有"灰部"构成的序列称为区间灰数 $\otimes(t_k)$ 的灰部序列，记为 H。

定义 4.3   设 $X_i^{(R)}=(r_{i1}^{(R)},r_{i2}^{(R)},\cdots,r_{in}^{(R)})$ 和 $X_i^{(H)}=(r_{i1}^{(H)},r_{i2}^{(H)},\cdots,r_{in}^{(H)})$ 分别为方案 X_i 的"白部"和"灰部"序列；$X^{+(R)}=(r_1^{+(R)},r_2^{+(R)},\cdots,r_n^{+(R)})$ 和 $X^{+(H)}=(r_1^{+(H)},r_2^{+(H)},\cdots,r_n^{+(H)})$ 为正理想点的"白部"和"灰部"序列；$X^{-(R)}=(r_1^{-(R)},r_2^{-(R)},\cdots,r_n^{-(R)})$ 和 $X^{-(H)}=(r_1^{-(H)},r_2^{-(H)},\cdots,r_n^{-(H)})$ 为负理想点的"白部"和"灰部"序列。

定义 4.4   设 $\otimes(t_k)=[a_k,b_k],\otimes(t_m)=[a_m,b_m]$ 为两个区间灰数，$\hat{\otimes}(t_k)$ 与 $\hat{\otimes}(t_m)$，g_k° 与 g_m° 分别为区间灰数 $\otimes(t_k)$ 和 $\otimes(t_m)$ 的灰度与核，称

$$d(\otimes(t_k),\otimes(t_k))=\max(|\hat{\otimes}(t_k)-\hat{\otimes}(t_m)|,|g_k^\circ-g_m^\circ|)$$

为区间灰数 $\otimes(t_k)$ 和 $\otimes(t_m)$ 的离散度。

定义 4.5   设 $\otimes(t_k)=[a_k,b_k],\otimes(t_m)=[a_m,b_m]$ 为两个区间灰数，则称

$$T(\otimes(t_k),\otimes(t_m))$$
$$=\begin{cases} \dfrac{1-d(\otimes(t_k),\otimes(t_m))}{1+d(\otimes(t_k),\otimes(t_m))} & (0<d(\otimes(t_k),\otimes(t_m))<1) \\ 0 & (d(\otimes(t_k),\otimes(t_m))\geqslant 1) \end{cases}$$

为区间灰数 $\otimes(t_k)$ 和 $\otimes(t_m)$ 的接近度。

定理 4.1   设区间灰数 $\otimes(t_k)$ 和 $\otimes(t_m)$，则 $d(\otimes(t_k),\otimes(t_m))$ 满足下列 3 条性质：

(1) $d(\otimes(t_k),\otimes(t_m))\geqslant 0;\otimes(t_k)=\otimes(t_m)\Leftrightarrow d(\otimes(t_k),\otimes(t_m))=0$；

(2) $d(\otimes(t_k),\otimes(t_m))=d(\otimes(t_m),\otimes(t_k))$；

(3) $d(\otimes(t_k),\otimes(t_m))\leqslant d(\otimes(t_k),\otimes(t_l))+d(\otimes(t_l),\otimes(t_m))$。

证明   (1) 因为

$$|\hat{\otimes}(t_k)-\hat{\otimes}(t_m)|\geqslant 0, \quad |g_k^\circ-g_m^\circ|\geqslant 0$$

所以

$$d(\otimes(t_k),\otimes(t_m))\geqslant 0$$

$$d(\otimes(t_k),\otimes(t_m))=0 \iff \hat{\otimes}(t_k)=\hat{\otimes}(t_m) \quad 且 \quad g_k^\circ=g_m^\circ$$

故

$$\otimes (t_k) = \otimes (t_m)$$

（2）因为

$$|\overset{\wedge}{\otimes} (t_k) - \overset{\wedge}{\otimes} (t_m)| = |\overset{\wedge}{\otimes} (t_m) - \overset{\wedge}{\otimes} (t_k)| \quad 且 \quad |g_k^o - g_m^o| = |g_m^o - g_k^o|$$

所以

$$d(\otimes (t_k), \otimes (t_m)) = d(\otimes (t_m), \otimes (t_k))$$

（3）根据范数满足三角不等式，所以

$$|\overset{\wedge}{\otimes} (t_k) - \overset{\wedge}{\otimes} (t_m)| \leqslant |\overset{\wedge}{\otimes} (t_k) - \overset{\wedge}{\otimes} (t_l)| + |\overset{\wedge}{\otimes} (t_l) - \overset{\wedge}{\otimes} (t_m)| \quad (4.1)$$

$$|g_k^o - g_m^o| \leqslant |g_k^o - g_l^o| + |g_l^o - g_m^o| \quad (4.2)$$

由离散度的定义，得

$$d(\otimes (t_k), \otimes (t_m)) = \max(|\overset{\wedge}{\otimes} (t_k) - \overset{\wedge}{\otimes} (t_m)|, |g_k^o - g_m^o|)$$

由式（4.1）和式（4.2），有

$$\max(||\overset{\wedge}{\otimes} (t_k) - \overset{\wedge}{\otimes} (t_m)|, |g_k^o - g_m^o||)$$

$$\leqslant \max(||\overset{\wedge}{\otimes} (t_k) - \overset{\wedge}{\otimes} (t_l)|, |g_k^o - g_l^o||)$$

$$+ \max(||\overset{\wedge}{\otimes} (t_l) - \overset{\wedge}{\otimes} (t_m)|, |g_l^o - g_m^o||) \quad (4.3)$$

所以

$$d(\otimes (t_k), \otimes (t_m)) \leqslant d(\otimes (t_k), \otimes (t_l)) + d(\otimes (t_l), \otimes (t_m))$$

4.2.2　信息分解下区间灰数的白化序列性质

定理 4.2　信息分解下区间灰数的白化序列所含信息量与原区间灰数序列相等。

证明　因为

$$\otimes (t_k) \in [a_k, b_k] = [a_k, b_k] + [a_k, a_k] - [a_k, a_k]$$

所以

$$[a_k, b_k] = [a_k, a_k] + ([a_k, b_k] - [a_k, a_k])$$

由区间灰数代数运算法则，得

$$[a_k, b_k] - [a_k, a_k] = [a_k - a_k, b_k - a_k] = [0, b_k - a_k] = (b_k - a_k) \times [0, 1]$$

故

$$[a_k, b_k] = a_k + (b_k - a_k) \times [0, 1]$$

即

$$\otimes(t_k)\in[a_k,b_k]=a_k+(b_k-a_k)\times[0,1]=a_k+h_k\xi \quad (\xi\in[0,1])$$

定理 4.3[137]　信息分解下的区间灰数白化序列与原区间灰数序列具有数乘变换的一致性,即

$$m\cdot X(\otimes) = (m\otimes(t_1),m\otimes(t_2),\cdots,m\otimes(t_n))$$

$$\Leftrightarrow \begin{cases} m\cdot R = m(a_1,a_2,\cdots,a_n) \\ m\cdot H = m(h_1,h_2,\cdots,h_n) \end{cases}$$

证明　设区间灰数序列 $X(\otimes)=([a_1,b_1],[a_2,b_2],\cdots,[a_n,b_n])$,由区间灰数运算法则,得

$$m\cdot X(\otimes) = ([ma_1,mb_1],[ma_2,mb_2],\cdots,[ma_n,mb_n])$$

对$\otimes(t_k)\in[ma_k,mb_k]=[ma_k,mb_k]+[ma_k,ma_k]-[ma_k,ma_k]$,所以

$$[ma_k,mb_k] = [ma_k,ma_k]+([ma_k,mb_k]-[ma_k,ma_k])$$
$$= [ma_k,ma_k]+[0,m(b_k-a_k)] = m(a_k+(b_k-a_k)\times[0,1])$$
$$= ma_k+mh_k\xi$$

所以由定义 4.2,知 ma_k 和 mh_k 分别为区间灰数 $mX(\otimes)$ 的"白部"和"灰部",故结论得证。

4.2.3　基于信息分解的区间灰数的关联一致性决策模型构建

由定义 4.2 可知,首先通过信息分解方法可以将区间灰数序列等价地转换为"白部"序列和"灰部"序列,即

$$X(\otimes) = (\otimes(t_1),\otimes(t_2),\cdots,\otimes(t_n)) \Rightarrow \begin{cases} R = (a_1,a_2,\cdots,a_n) \\ H = (h_1,h_2,\cdots,h_n) \end{cases}$$

然后建立灰色关联度模型。

定理 4.4　设系统行为序列

$$\begin{cases} X_1(\otimes) = (\otimes_1(t_1),\otimes_1(t_2),\cdots,\otimes_1(t_n)) \\ X_2(\otimes) = (\otimes_2(t_1),\otimes_2(t_2),\cdots,\otimes_2(t_n)) \\ \qquad\qquad\cdots\cdots \\ X_m(\otimes) = (\otimes_m(t_1),\otimes_m(t_2),\cdots,\otimes_m(t_n)) \end{cases}$$

根据定义 4.2,可以有如下的转换公式:

$$X_i(\otimes) = (\otimes_i(t_1),\otimes_i(t_2),\cdots,\otimes_i(t_n))$$

$$\Leftrightarrow \begin{cases} R_i = (r_i(t_1), r_i(t_2), \cdots, r_i(t_n)) \\ H_i = (h_i(t_1), h_i(t_2), \cdots, h_i(t_n)) \end{cases} \quad (i = 1, 2, \cdots, m)$$

对于 $\xi_r \in (0,1)$，令

$$\gamma_r(r_1(t_k), r_i(t_k)) = \frac{\min\limits_i \min\limits_k |r_1(t_k) - r_k(t_k)| + \xi_r \max\limits_i \max\limits_k |r_1(t_k) - r_k(t_k)|}{|r_1(t_k) - r_k(t_k)| + \xi_r \max\limits_i \max\limits_k |r_1(t_k) - r_k(t_k)|}$$

$$\gamma(R_1(\otimes), R_i(\otimes)) = \sum_{k=1}^{n} \gamma_r(r_1(t_k), r_i(t_k)) \omega_j$$

则 $\gamma(R_1(\otimes), R_i(\otimes))$ 满足灰色关联公理，其中 ξ_r 称为分辨系数，$\gamma(R_1(\otimes), R_i(\otimes))$ 称为 $X_1(\otimes)$ 与 $X_i(\otimes)$ 信息分解下区间灰数的"白部"关联度。

对于 $\xi_h \in (0,1)$，令

$$\gamma_h(h_1(t_k), h_i(t_k)) = \frac{\min\limits_i \min\limits_k |h_1(t_k) - h_k(t_k)| + \xi_h \max\limits_i \max\limits_k |h_1(t_k) - h_k(t_k)|}{|h_1(t_k) - h_k(t_k)| + \xi_h \max\limits_i \max\limits_k |h_1(t_k) - h_k(t_k)|}$$

$$\gamma(H_1(\otimes), H_i(\otimes)) = \sum_{k=1}^{n} \gamma_h(h_1(t_k), h_i(t_k)) \omega_j$$

则 $\gamma(H_1(\otimes), H_i(\otimes))$ 满足灰色关联公理，其中 ξ_h 称为分辨系数，$\gamma(H_1(\otimes), H_i(\otimes))$ 称为 $X_1(\otimes)$ 与 $X_i(\otimes)$ 信息分解下区间灰数的"灰部"关联度。

定义 4.6 设 $\gamma^+(R(t_k), R_i(t_k))$ 和 $\gamma^-(R(t_k), R_i(t_k))$ 分别为方案 X_i 与正理想点方案 X^+ 和负理想点方案 X^- 的"白部"序列灰色关联度；$\gamma^+(H(t_k), H_i(t_k))$ 和 $\gamma^-(H(t_k), H_i(t_k))$ 分别为方案 X_i 与正理想点方案 X^+ 和负理想点方案 X^- 的"灰部"序列灰色关联度。

定理 4.5 设 $\gamma^+(R(t_k), R_i(t_k))$ 和 $\gamma^-(R(t_k), R_i(t_k))$ 如定义 4.6 所示，设

$$f(\delta_i^{(r)}) = [(1 - \delta_i^{(r)}) \cdot \gamma^+(R(\otimes), R_i(\otimes))]^2 + [\delta_i^{(r)} \cdot \gamma^-(R(\otimes), R_i(\otimes))]^2$$

其中 $\delta_i^{(r)}$ 为"白部"关联一致性系数，则

$$\delta_i^{\delta(r)} = \frac{[\gamma^+(R(\otimes), R_i(\otimes))]^2}{[\gamma^+(R(\otimes), R_i(\otimes))]^2 + [\gamma^-(R(\otimes), R_i(\otimes))]^2}$$

且一致性系 $\delta_i^{(r)}$ 越大说明第 i 方案越好。

证明 由定义 4.6 和定理 4.4，知 $\gamma^+(R(t_k), R_i(t_k))$ 越大，方案 X_i 越靠近正理想点方案 X^+；$\gamma^-(R(t_k), R_i(t_k))$ 越小，方案 X_i 越远离负理想点 X^-。因此只需综合两个方面使其一致变化就可以得到最优。又由定理 4.5 已知条件得"白部"关联一致性系数 $\delta_i^{(r)}$ 为如下函数：

$$f(\delta_i^{(r)}) = [(1 - \delta_i^{(r)}) \cdot \gamma^+(R(\otimes), R_i(\otimes))]^2 + [\delta_i^{(r)} \cdot \gamma^-(R(\otimes), R_i(\otimes))]^2$$

其中 $\delta_i^{(r)}$ 为"白部"关联一致性系数，故只需求使得函数 $f(\delta_i^{(r)})$ 最小时的 $\delta_i^{(r)}$

值,即求 $\min f(\delta_i^{(r)})$。由于函数 $f(\delta_i^{(r)})$ 没有不可导点,故最值点就是一阶导数为零的点,由 $\dfrac{\mathrm{d}f(\delta_i^{(r)})}{\mathrm{d}\delta_i^{(r)}}=0$,求得

$$\delta_i^{(r)} = \frac{\left[\gamma^+\left(R(\otimes),R_i(\otimes)\right)\right]^2}{\left[\gamma^+\left(R(\otimes),R_i(\otimes)\right)\right]^2+\left[\gamma^-\left(R(\otimes),R_i(\otimes)\right)\right]^2}$$

类似地,有"灰部"关联一致性系数 $\delta_i^{(h)}$,在此不再赘述。

定义 4.7　设 $\delta_i^{(r)}$ 与 $\delta_i^{(h)}$ 分别为"白部"关联一致性系数和"灰部"关联一致性系数,则称 $\delta_i=\theta\cdot\delta_i^{(r)}+(1-\theta)\cdot\delta_i^{(h)}$ 为综合关联一致性系数,其中 $\theta\in(0,1)$ 为平衡系数,一般取 $\theta=0.5$。

4.2.4　基于信息分解的区间灰数关联一致性决策算法步骤

基于信息分解的区间灰数关联一致性决策算法步骤如下:

(1) 确定多属性决策的方案集 $X=\{X_1,X_2,\cdots,X_m\}$ 和指标集 $S=\{S_1,S_2,\cdots,S_n\}$,并写出 X 对 S 的区间灰数决策矩阵 M,即 $M=([x_{ij}^{\mathrm{L}},x_{ij}^{\mathrm{U}}])(i=1,2,\cdots,n;j=1,2,\cdots,m)$。

(2) 对区间灰数决策矩阵进行规范化处理得到规范化区间灰数矩阵 R。

设指标 $A_j=[x_{ij}^{\mathrm{L}},x_{ij}^{\mathrm{U}}]$,若 A_j 为效益型指标,则规范化处理计算公式为

$$r_{ij}^{\mathrm{L}}=\frac{x_{ij}^{\mathrm{L}}}{\sum\limits_{i=1}^{n}x_{ij}^{\mathrm{U}}},\quad r_{ij}^{\mathrm{U}}=\frac{x_{ij}^{\mathrm{U}}}{\sum\limits_{i=1}^{n}x_{ij}^{\mathrm{L}}}$$

若 A_j 为成本型指标,则规范化处理计算公式为

$$r_{ij}^{\mathrm{L}}=\frac{\dfrac{1}{x_{ij}^{\mathrm{U}}}}{\sum\limits_{i=1}^{n}\dfrac{1}{x_{ij}^{\mathrm{L}}}},\quad r_{ij}^{\mathrm{U}}=\frac{\dfrac{1}{x_{ij}^{\mathrm{L}}}}{\sum\limits_{i=1}^{n}\dfrac{1}{x_{ij}^{\mathrm{U}}}}$$

显然 $r_{ij}^{\mathrm{L}},r_{ij}^{\mathrm{U}}\in[0,1](i=1,2,\cdots,n;j=1,2,\cdots,m)$,由此可以得到规范化矩阵

$$R=([r_{ij}^{\mathrm{L}},r_{ij}^{\mathrm{U}}])_{m\times n}$$

(3) 根据定义 4.1 构建出正理想方案区间灰数序列和负理想方案区间灰数序列。

(4) 根据定义 4.2 和定义 4.3 将区间灰数进行信息分解,分解为"白部"与"灰部"两个实数型序列。

(5) 指标权重的确定。

　　若指标的权重信息也是部分已知、部分未知的区间灰数,那么可以通过在规范化决策矩阵 $R = ([r_{ij}^{L}, r_{ij}^{U}])_{m \times n} = (r_{ij})_{m \times n}$ 中确定正理想解 $r^{+} = (r_1^{+}, r_2^{+}, \cdots, r_n^{+})$ 和负理想解 $r^{-} = (r_1^{-}, r_2^{-}, \cdots, r_n^{-})$,再结合定义 4.4 和定义 4.5,确定方案 X_i 与正、负理想解的综合接近度,最后通过如下的目标规划模型确定指标权重:

$$\max T = \sum_{i=1}^{m} \sum_{j=1}^{n} (T(r_{ij}, r_j^{+}) - T(r_{ij}, r_j^{-})) \omega_j$$

$$\text{s.t.} \quad 0 \leqslant \omega_j^{L} \leqslant \omega_j \leqslant \omega_j^{U} \leqslant 1 \quad 且 \quad \sum_{j=1}^{n} \omega_j = 1$$

　　(6) 根据定理 4.4 分别计算正、负理想方案与各方案之间的"白部"与"灰部"的关联度。

　　(7) 根据定理 4.5 和定义 4.7 计算综合关联一致性系数 δ_i。

　　(8) 根据综合关联一致性系数 δ_i 值的大小进行方案排序。

4.2.5　算例分析

　　现有一个投资银行准备对一个项目投资,根据前期调研分析,最终确定 4 家企业 X_1, X_2, X_3, X_4 进行投资,在正式投资之前先要对各企业进行进一步的评估,并最终做出决定是否进行投资,评估时选取以下 4 个指标:S_1:投资净产值;S_2:投资利税率;S_3:内部收益率;S_4:环境污染度。具体值见表 4.1,其中 S_4 为成本型指标,S_1, S_2, S_3 为效益型指标。

　　(1) 构建方案对指标的区间灰数决策矩阵(表 4.1)。

表 4.1　区间灰数决策矩阵

	S_1	S_2	S_3	S_4
X_1	[1.8, 2.2]	[1.2, 1.8]	[1.8, 2.2]	[5.4, 5.6]
X_2	[2.3, 2.7]	[2.4, 3.0]	[1.6, 2.0]	[6.4, 6.6]
X_3	[1.6, 2.0]	[1.7, 2.3]	[1.9, 2.3]	[4.4, 4.6]
X_4	[2.0, 2.4]	[1.5, 2.1]	[1.8, 2.2]	[4.9, 5.1]

　　(2) 对区间灰数决策矩阵进行规范化处理得到如表 4.2 所示的矩阵表。

表 4.2　区间灰数规范化决策矩阵

	S_1	S_2	S_3	S_4
X_1	[0.1940,0.2857]	[0.1304,0.2647]	[0.2069,0.3098]	[0.2311,0.2491]
X_2	[0.2470,0.3510]	[0.2609,0.4412]	[0.1839,0.2817]	[0.1960,0.2102]
X_3	[0.1720,0.2597]	[0.1848,0.3382]	[0.2814,0.3239]	[0.2813,0.3057]
X_4	[0.2151,0.3120]	[0.1630,0.3088]	[0.2059,0.3098]	[0.2059,0.2747]

（3）构建出正理想方案区间灰数序列和负理想方案区间灰数序列。

正理想序列：

$$X^+ = \{[0.2470,0.3510],[0.2609,0.4412],[0.2814,0.3239],$$
$$[0.2813,0.3057]\}$$

负理想序列：

$$X^- = \{[0.1720,0.2591],[0.1304,0.2647],[0.1839,0.2817],$$
$$[0.1960,0.2102]\}$$

（4）利用信息分解方法将区间灰数序列进行白化处理为"白部序列"与"灰部序列"，具体如下：

$$X_1: \begin{cases} R = (0.1940,0.1304,0.2069,0.2311) \\ H = (0.0917,0.1343,0.1022,0.0180) \end{cases}$$

$$X_2: \begin{cases} R = (0.2470,0.2069,0.1839,0.1960) \\ H = (0.1040,0.1803,0.0978,0.0142) \end{cases}$$

$$X_3: \begin{cases} R = (0.1720,0.1848,0.2814,0.2813) \\ H = (0.0877,0.1534,0.0425,0.0244) \end{cases}$$

$$X_4: \begin{cases} R = (0.2151,0.1630,0.2059,0.2537) \\ H = (0.0969,0.1458,0.1039,0.0210) \end{cases}$$

$$X^+: \begin{cases} R = (0.2470,0.2609,0.2814,0.2813) \\ H = (0.1040,0.1803,0.2814,0.0244) \end{cases}$$

$$X^-: \begin{cases} R = (0.1720,0.1304,0.1839,0.1960) \\ H = (0.0871,0.1343,0.0978,0.0142) \end{cases}$$

（5）指标权重的确定。

本算例的各个指标对于投资银行来说都很重要，因此各指标取等权重，即

$$\omega_1 = 0.25, \quad \omega_2 = 0.25, \quad \omega_3 = 0.25, \quad \omega_4 = 0.25$$

（6）根据定理 4.4 分别计算正、负理想方案与各方案之间的"白部"与"灰部"的关联度。

正理想点"白部序列"与方案点"白部序列"之间的关联度具体如下：

$$r_{+1}^{(R)} = 0.7480, \quad r_{+2}^{(R)} = 0.5841, \quad r_{+3}^{(R)} = 0.6497, \quad r_{+4}^{(R)} = 0.7227$$

正理想点"灰部序列"与方案点"灰部序列"之间的关联度具体如下：

$$r_{+1}^{(H)} = 0.7951, \quad r_{+2}^{(H)} = 0.8263, \quad r_{+3}^{(H)} = 0.8204, \quad r_{+4}^{(H)} = 0.8045$$

类似地，负理想点"白部序列"与方案点"白部序列"之间的关联度具体如下：

$$r_{-1}^{(R)} = 0.9009, \quad r_{-2}^{(R)} = 0.6743, \quad r_{-3}^{(R)} = 0.5424, \quad r_{-4}^{(R)} = 0.8980$$

负理想点"灰部序列"与方案点"灰部序列"之间的关联度具体如下：

$$r_{-1}^{(H)} = 0.9213, \quad r_{-2}^{(H)} = 0.7961, \quad r_{-3}^{(H)} = 0.6686, \quad r_{-4}^{(H)} = 0.9036$$

（7）根据定理 4.5 和定义 4.7 计算综合关联一致性系数 δ_i。

首先，分别计算每个方案"白部序列"和"灰部序列"的关联一致性系数 $\delta_i^{(R)}$ 和 $\delta_i^{(H)}$，具体如下：

$$\delta_1^{(R)} = 0.4081, \quad \delta_2^{(R)} = 0.4287, \quad \delta_3^{(R)} = 0.5893, \quad \delta_4^{(R)} = 0.3931$$

$$\delta_1^{(H)} = 0.4274, \quad \delta_2^{(H)} = 0.5186, \quad \delta_3^{(H)} = 0.6009, \quad \delta_4^{(H)} = 0.4422$$

其次，计算综合关联一致性系数，具体如下：

$$\delta_1 = \delta_1^{(R)} + \delta_1^{(H)} = 0.8355, \quad \delta_2 = \delta_2^{(R)} + \delta_2^{(H)} = 0.9473$$

$$\delta_3 = \delta_3^{(R)} + \delta_3^{(H)} = 1.1902, \quad \delta_4 = \delta_4^{(R)} + \delta_4^{(H)} = 0.8353$$

（8）根据综合关联一致性系数进行方案排序。因为 $\delta_3 > \delta_2 > \delta_1 > \delta_4$，故方案之间的排序为 $X_3 > X_2 > X_1 > X_4$ 最优。从投资银行的角度做决策应该把 X_3 作为最佳投资对象，但无论如何也不应该把 X_4 作为投资的对象。

为了说明该方法具有一般性，现将不同方法的结果进行比较，本节比较的方法是文献［88］的方法。文献［88］首先计算区间灰数的距离；其次，利用区间灰数的距离作为关联系数计算方案与正理想方案的灰色关联度；最后，根据关联度进行排序（表 4.3）。从表 4.3 可以看出，本节的模型排序与文献［88］的排序方法是完全一致的，但是文献［88］的计算要更加复杂，同时也会因计算区间数距离方法的不同可能导致结果的不一致问题。另外，文献［88］只考虑了与正理想方案的关联度，没有考虑与负理想方案的关联度，这很可能造成变化的不一致性问题。相比之下，本节的方法既能够充分利用所给的信息，又综合考虑了与正、负理想方案的关联度，克服了变化的不一致性问题，同时计算简单且易于操作。

表 4.3　不同方法排序比较

方案	文献[88]方法的关联度	关联度排序	方案	本节的关联一致性系数值	一致性系数排序
X_1	0.5305	4	X_1	0.8355	3
X_2	0.7457	2	X_2	0.9473	2
X_3	0.8547	1	X_3	1.1902	1
X_4	0.6867	3	X_4	0.8357	4

4.2.6　结语

本节对决策矩阵为区间灰数的多属性决策问题进行了研究。利用信息分解的方法，在决策信息不丢失的前提下，将区间灰数序列分解成实数型"白部序列"和"灰部序列"，结合 TOPSIS 思想提出了关联度的测度方法，构建了关联一致性系数模型。该方法克服了区间灰数决策时只用它的一个白化值代替区间灰数进行决策所带来的问题。该方法的最大优点是充分利用已有的信息进行科学决策，既规避了区间灰数的运算问题，也体现了"充分利用已有信息"的灰色理论思想。该方法评价结果科学客观，程序设计较为方便且易于计算机实现，算例表明了该模型的合理性和科学性，为区间灰数信息下决策问题的研究提供了一个有效的科学途径。

4.3　基于信息分解的区间灰数一致性投影决策模型

决策理论是经济管理理论的一个重要分支，多属性决策是科学决策的重要组成部分，对于指标为模糊数、实数的决策问题研究较多，且取得了较多的成果,对指标为(区间)灰数的灰色决策模型的研究也取得了很大的进展。把每个方案看作一个向量,利用向量的投影进行多属性决策既直观、简洁又科学合理,因此投影决策在决策理论中得到了广泛的应用。文献[138]将欧式距离改进为"垂面"距离,利用与理想点的"垂面"距离对方案进行排序,但该方法仍然没有真正地解决 TOPSIS 方法的不足。文献[139]通过定义模糊犹豫信息下的方案与理想点间的向量表达式,提出了基于 TOPSIS 的犹豫模糊信息的投影决策模型。文献[140]研究了基于优化理论的模糊向量投影的三角模糊数的决策模型。学者们从不同的视角努力解决信息为区间灰数的决策问题,并且取得了一定的成果,但是不论采取哪种方法进行决策,都会涉及数据的四则运算。由于区间灰数的四则运算到目前还没有完全被解决,如果按照经典的灰色代数系统进行运算,很可能存在信息丢失现象,从而造成决策错误或决策精度大大降低的问题。另外,传统的投影决策方法一般都采用单向投影值大小进行方案排序,即只考虑方案在正理想点上的投影,很少同时考虑方案点与正、负理想点的关系,因此也都没有很好地解决一致性问题,特别是当不同方案在正理想方案上投影值相等时,就无法对不同方案进行排序。本节针对区间灰数决策时决策信息得不到充分利用的问题,在信息不丢失的情况下,利用信息分解方法将区间灰数序列分解为实数型的"白部序列"和"灰部序列",建立了正、负理想点的"白部"和"灰部"与方案点的"白部"和"灰部"构成向量的双向投影的测度方法,进而构建了向量双向投影的一致性系数决策模型。

4.3.1　基本概念和理论

定义 4.8　设两个方案的指标构成的序列分别为 $X_i = (r_{i1}, r_{i2}, \cdots, r_{in})$ 和 $Y_j = (r_{j1}, r_{j2}, \cdots, r_{jn})(i, j = 1, 2, \cdots, m)$。则称 $X_i Y_j = (r_{j1} - r_{i1}, r_{j2} - r_{i2}, \cdots, r_{jn} - r_{in})$ 为方案 X_i 与方案 Y_j 构成的向量。

定义 4.9　设 $X_i^{(R)} = (r_{i1}^{(R)}, r_{i2}^{(R)}, \cdots, r_{in}^{(R)})$ 和 $X_i^{(H)} = (r_{i1}^{(H)}, r_{i2}^{(H)}, \cdots, r_{in}^{(H)})$ 分别为方案 X_i 的"白部"和"灰部"序列坐标;$Y^{+(R)} = (r_1^{+(R)}, r_2^{+(R)}, \cdots, r_n^{+(R)})$ 和 $Y^{+(H)} = (r_1^{+(H)}, r_2^{+(H)}, \cdots, r_n^{+(H)})$ 为正理想点"白部"和"灰部"序列坐标;$Y^{-(R)} = (r_1^{-(R)}, r_2^{-(R)}, \cdots, r_n^{-(R)})$ 和 $Y^{-(H)} = (r_1^{-(H)}, r_2^{-(H)}, \cdots, r_n^{-(H)})$ 为负理想点"白部"和"灰部"序列坐标,则称:

(1) 向量 $Y^{-(R)}Y^{+(R)} = (r_1^{+(R)} - r_1^{-(R)}, r_2^{+(R)} - r_2^{-(R)}, \cdots, r_n^{+(R)} - r_n^{-(R)})$ 为正、

负理想方案"白部"构成的向量。

（2）向量 $Y^{-(H)}Y^{+(H)} = (r_1^{+(H)} - r_1^{-(H)}, r_2^{+(H)} - r_2^{-(H)}, \cdots, r_n^{+(H)} - r_n^{-(H)})$ 为正、负理想方案"灰部"构成的向量。

（3）向量 $Y^{-(R)}X_i^{(R)} = (r_{i1}^{(R)} - r_1^{-(R)}, r_{i2}^{(R)} - r_2^{-(R)}, \cdots, r_{in}^{(R)} - r_n^{-(R)})$ 为负理想方案与第 X_i 个方案"白部"构成的向量。

（4）向量 $Y^{-(H)}X_i^{(H)} = (r_{i1}^{(H)} - r_1^{-(H)}, r_{i2}^{(H)} - r_2^{-(H)}, \cdots, r_{in}^{(H)} - r_n^{-(H)})$ 为负理想方案与第 X_i 个方案"灰部"构成的向量。

相应的模分别为

$$|Y^{-(R)}Y^{+(R)}| = \sqrt{\sum_{j=1}^{n}(r_j^{+(R)} - r_j^{-(R)})^2}, \quad |Y^{-(H)}Y^{+(H)}| = \sqrt{\sum_{j=1}^{n}(r_j^{+(H)} - r_j^{-(H)})^2}$$

$$|Y^{-(R)}X_i^{(R)}| = \sqrt{\sum_{j=1}^{n}(r_{ij}^{(R)} - r_j^{-(R)})^2}, \quad |Y^{-(H)}X_i^{(H)}| = \sqrt{\sum_{j=1}^{n}(r_{ij}^{(H)} - r_j^{-(H)})^2}$$

则称 $\cos(Y^{-(R)}X_i^{(R)}, Y^{-(R)}Y^{+(R)}) = \dfrac{\sum\limits_{j=1}^{n}(r_j^{+(R)} - r_j^{-(R)})(r_{ij}^{(R)} - r_j^{-(R)})}{|Y^{-(R)}X_i^{(R)}| \cdot |Y^{-(R)}Y^{+(R)}|}$ 为向量 $Y^{-(R)}$
$\cdot X_i^{(R)}$ 与向量 $Y^{-(R)}Y^{+(R)}$ 的夹角余弦。

定义 4.10　设方案点、正理想点、负理想点的"白部"分别为 $X_i^{(R)}, Y^{+(R)}$，$Y^{-(R)}$，则称

$$P_{rjY^{-(R)}Y^{+(R)}}(Y^{-(R)}X_i^{(R)}) = |Y^{-(R)}X_i^{(R)}| \cdot \cos<Y^{-(R)}X_i^{(R)}, Y^{-(R)}Y^{+(R)}>$$

$$= \frac{\sum\limits_{j}^{n}(r_{ij}^{(R)} - r_j^{-(R)})(r_j^{+(R)} - r_j^{-(R)})}{|Y^{-(R)}Y^{+(R)}|}$$

为负理想点"白部"与方案点"白部"构成的向量在正理想点"白部"与负理想点"白部"构成的向量上的投影；称

$$P_{rjY^{+(R)}X_i^{(R)}}(Y^{-(R)}Y^{+(R)}) = |Y^{-(R)}Y^{+(R)}| \cdot \cos<Y^{-(R)}Y^{+(R)}, Y^{+(R)}X_i^{-(R)}>$$

$$= \frac{\sum\limits_{j}^{n}(r_j^{(R)} - r_{ij}^{-(R)})(r_j^{+(R)} - r_j^{-(R)})}{|Y^{+(R)}X_i^{(R)}|}$$

为正理想点"白部"与负理想点"白部"构成的向量在负理想点"白部"与方案点"白部"构成的向量上的投影。

类似地，可以定义灰部的投影，在此不再赘述。

定理 4.6　$P_{rjY^{-(R)}Y^{+(R)}}(Y^{-(R)}X_i^{(R)})$ 越大，方案 X_i 越靠近正理想点 Y^+；$P_{rjY^{-(R)}Y^{+(R)}}(Y^{-(R)}X_i^{(R)})$ 越小，方案 X_i 越远离正理想点 Y^+。$P_{rjY^{+(R)}X_i^{(R)}}(Y^{-(R)}Y^{+(R)})$

越大,方案 X_i 越靠近负理想点 Y^-；$P_{rjY^{+(R)}X_i^{(R)}}(Y^{-(R)}Y^{+(R)})$ 越小,方案 X_i 越远离负理想点 Y^-。

证明 设方案 X_i 及正、负理想点分别为 Y^+,Y^-,根据定义 4.10,知 $P_{rjY^{-(R)}Y^{+(R)}}(Y^{-(R)}X_i^{(R)})$ 越大,则向量 Y^-X_i 与向量 Y^-Y^+ 越接近,故方案点 X_i 越靠近正理想点 Y^+；$P_{rjY^{-(R)}Y^{+(R)}}(Y^{-(R)}X_i^{(R)})$ 越小,则向量 Y^-X_i 与向量 Y^-Y^+ 越远离,故方案点 X_i 越远离正理想点 Y^+。同理可证 $P_{rjY^{+(R)}X_i^{(R)}}(Y^{-(R)}Y^{+(R)})$。

定理 4.7 设 $P_{rjY^{-(R)}Y^{+(R)}}(Y^{-(R)}X_i^{(R)})$ 与 $P_{rjY^{+(R)}X_i^{(R)}}(Y^{-(R)}Y^{+(R)})$ 如定义 4.10 所示,又设

$$f(\delta_i)=\left[(1-\delta_i)\cdot P_{rjY^{-(R)}Y^{+(R)}}(Y^{-(R)}X_i^{(R)})\right]^2+\left[\delta_i\cdot P_{rjY^{+(R)}X_i^{(R)}}(Y^{-(R)}Y^{+(R)})\right]^2$$

其中 δ_i 为一致性系数,则

$$\delta_i=\frac{\left[P_{rjY^{-(R)}Y^{+(R)}}(Y^{-(R)}X_i^{(R)})\right]^2}{\left[P_{rjY^{-(R)}Y^{+(R)}}(Y^{-(R)}X_i^{(R)})\right]^2+\left[P_{rjY^{+(R)}X_i^{(R)}}(Y^{-(R)}Y^{+(R)})\right]^2}$$

且一致性系数 δ_i 越大说明第 i 方案越好。

证明 由定义 4.10 和定理 4.6,知 $P_{rjY^{-(R)}Y^{+(R)}}(Y^{-(R)}X_i^{(R)})$ 越大,方案 X_i 越靠近正理想点 Y^+；$P_{rjY^{+(R)}X_i^{(R)}}(Y^{-(R)}Y^{+(R)})$ 越小,方案 X_i 越远离负理想点 Y^-。因此,只需综合两个方面使其一致变化就可以得到最优。又由定理已知条件得一致性系数 δ_i 为如下函数:

$$f(\delta_i)=\left[(1-\delta_i)\cdot P_{rjY^{-(R)}Y^{+(R)}}(Y^{-(R)}X_i^{(R)})\right]^2+\left[\delta_i P_{rjY^{+(R)}X_i^{(R)}}(Y^{-(R)}Y^{+(R)})\right]^2$$

其中 δ_i 为一致性系数,故只需求使得函数 $f(\delta_i)$ 最小时的 δ_i 值,即求 $\min f(\delta_i)$。由于函数 $f(\delta_i)$ 没有不可导点,故最值点就是一阶导数为零的点,由 $\dfrac{\mathrm{d}f(\delta_i)}{\mathrm{d}\delta_i}=0$,求得

$$\delta_i=\frac{\left[P_{rjY^{-(R)}Y^{+(R)}}(Y^{-(R)}X_i^{(R)})\right]^2}{\left[P_{rjY^{-(R)}Y^{+(R)}}(Y^{-(R)}X_i^{(R)})\right]^2+\left[P_{rjY^{+(R)}X_i^{(R)}}(Y^{-(R)}Y^{+(R)})\right]^2}$$

定义 4.11 设 $\delta_i^{(R)}$ 与 $\delta_i^{(H)}$ 分别为"白部"和"灰部"双向投影一致性系数,则称 $\delta_i=\theta\cdot\delta_i^{(R)}+(1-\theta)\cdot\delta_i^{(H)}$ 为综合一致性系数,其中 $\theta\in(0,1)$ 为平衡系数,一般取 $\theta=0.5$。

4.3.2 基于信息分解的双向投影决策算法步骤

基于信息分解的双向投影决策算法步骤如下:

(1) 确定多属性决策的方案集 $X=\{X_1,X_2,\cdots,X_n\}$ 和指标集 $S=$

$\{S_1,S_2,\cdots,S_m\}$，并写出 X 对 S 的区间灰数决策矩阵 M，即 $M=([x_{ij}^{\mathrm{L}},x_{ij}^{\mathrm{U}}])$
$(i=1,2,\cdots,n;j=1,2,\cdots,m)$。

（2）对区间灰数决策矩阵进行规范化处理得到规范化区间灰数矩阵 N。

设指标 $S_j=[x_{ij}^{\mathrm{L}},x_{ij}^{\mathrm{U}}]$，若 S_j 为效益型，则规范化处理计算公式为

$$r_{ij}^{\mathrm{L}}=\frac{x_{ij}^{\mathrm{L}}}{\sum\limits_{i=1}^{n}x_{ij}^{\mathrm{U}}},\quad r_{ij}^{\mathrm{U}}=\frac{x_{ij}^{\mathrm{U}}}{\sum\limits_{i=1}^{n}x_{ij}^{\mathrm{L}}}$$

若 S_j 为成本型，则规范化处理计算公式为

$$r_{ij}^{\mathrm{L}}=\frac{\dfrac{1}{x_{ij}^{\mathrm{U}}}}{\sum\limits_{i=1}^{n}\dfrac{1}{x_{ij}^{\mathrm{L}}}},\quad r_{ij}^{\mathrm{U}}=\frac{\dfrac{1}{x_{ij}^{\mathrm{L}}}}{\sum\limits_{i=1}^{n}\dfrac{1}{x_{ij}^{\mathrm{U}}}}$$

显然 $r_{ij}^{\mathrm{L}},r_{ij}^{\mathrm{U}}\in[0,1]$ $(i=1,2,\cdots,n;j=1,2,\cdots,m)$，由此可以得到规范化矩阵 $N=([r_{ij}^{\mathrm{L}},r_{ij}^{\mathrm{U}}])_{n\times m}$。

（3）根据定义 4.1 构建出正理想方案区间灰数序列和负理想方案区间灰数序列。

（4）根据定义 4.2 将区间灰数进行信息分解，分解为"白部"与"灰部"两个序列。

（5）根据定义 4.3 与定义 4.10 分别计算"白部"与"灰部"的双向投影。

（6）根据定义 4.11 与定理 4.7 计算双向投影综合一致性系数 δ_i，并根据此值大小进行方案排序。

4.3.3　算例分析

现有一个投资公司准备对一个项目进行投资，根据前期调研分析，最终确定 4 家企业 X_1,X_2,X_3,X_4 进行投资，在正式投资之前先要对各企业进行进一步的评估，并最终做出决定是否进行投资，评估时选取以下 4 个指标：S_1：投资净产值；S_2：投资利税率；S_3：内部收益率；S_4：环境污染度，具体值如表 4.4 所示，其中 S_4 为成本型指标，S_1,S_2,S_3 为效益型指标。

（1）构建方案对指标的区间灰数决策矩阵（表 4.4）。

表 4.4　区间灰数决策矩阵

	S_1	S_2	S_3	S_4
X_1	[1.8,2.2]	[1.2,1.8]	[1.8,2.2]	[5.4,5.6]
X_2	[2.3,2.7]	[2.4,3.0]	[1.6,2.0]	[6.4,6.6]
X_3	[1.6,2.0]	[1.7,2.3]	[1.9,2.3]	[4.4,4.6]
X_4	[2.0,2.4]	[1.5,2.1]	[1.8,2.2]	[4.9,5.1]

（2）对区间灰数决策矩阵进行规范化处理得到如下的矩阵表（表 4.5）。

表 4.5　区间灰数规范化决策矩阵

	S_1	S_2	S_3	S_4
X_1	[0.1940,0.2857]	[0.1304,0.2647]	[0.2069,0.3098]	[0.2311,0.2491]
X_2	[0.2470,0.3510]	[0.2609,0.4412]	[0.1839,0.2817]	[0.1960,0.2102]
X_3	[0.1720,0.2597]	[0.1848,0.3382]	[0.2814,0.3239]	[0.2813,0.3057]
X_4	[0.2151,0.3120]	[0.1630,0.3088]	[0.2059,0.3098]	[0.2059,0.2747]

（3）构建出正理想方案区间灰数序列和负理想方案区间灰数序列。

正理想序列：

$$Y^+ = \{[0.2470,0.3510],[0.2609,0.4412],[0.2814,0.3239],[0.2813,0.3057]\}$$

负理想序列：

$$Y^- = \{[0.1720,0.2591],[0.1304,0.2647],[0.1839,0.2817],[0.1960,0.2102]\}$$

（4）利用信息分解方法将每个区间灰数进行白化处理为"白部序列"与"灰部序列"，具体如下：

$$X_1:\begin{cases}R=(0.1940,0.1304,0.2069,0.2311)\\H=(0.0917,0.1343,0.1022,0.0180)\end{cases}$$

$$X_2:\begin{cases}R=(0.2470,0.2069,0.1839,0.1960)\\H=(0.1040,0.1803,0.0978,0.0142)\end{cases}$$

$$X_3:\begin{cases}R=(0.1720,0.1848,0.2814,0.2813)\\H=(0.0877,0.1534,0.0425,0.0244)\end{cases}$$

$$X_4:\begin{cases}R=(0.2151,0.1630,0.2059,0.2537)\\H=(0.0969,0.1458,0.1039,0.0210)\end{cases}$$

$$Y^+:\begin{cases}R=(0.2470,0.2609,0.2814,0.2813)\\H=(0.1040,0.1803,0.2814,0.0244)\end{cases}$$

$$Y^- : \begin{cases} R = (0.1720, 0.1304, 0.1839, 0.1960) \\ H = (0.0871, 0.1343, 0.0978, 0.0142) \end{cases}$$

（5）根据定义 4.3 与定义 4.10 分别计算"白部"与"灰部"的投影。

负理想点"白部序列"与方案点"白部序列"构成的向量在正、负理想点"白部序列"构成的向量上的投影分别为

$$P_{\eta Y^{-(R)} Y^{+(R)}} (Y^{-(R)} X_1^{(R)}) = 0.0347, \quad P_{\eta Y^{-(R)} Y^{+(R)}} (Y^{-(R)} X_2^{(R)}) = 0.1141$$

$$P_{\eta Y^{-(R)} Y^{+(R)}} (Y^{-(R)} X_3^{(R)}) = 0.1203, \quad P_{\eta Y^{-(R)} Y^{+(R)}} (Y^{-(R)} X_4^{(R)}) = 0.0733$$

正、负理想点"白部序列"构成的向量在正理想点"白部序列"与方案点"白部序列"构成的向量上的投影分别为

$$P_{\eta Y^{+(R)} X_1^{(R)}} (Y^{-(R)} Y^{+(R)}) = 0.1948, \quad P_{\eta Y^{+(R)} X_2^{(R)}} (Y^{-(R)} Y^{+(R)}) = 0.1295$$

$$P_{\eta Y^{+(R)} X_3^{(R)}} (Y^{-(R)} Y^{+(R)}) = 0.1456, \quad P_{\eta Y^{+(R)} X_4^{(R)}} (Y^{-(R)} Y^{+(R)}) = 0.1905$$

类似地，负理想点"灰部序列"与方案点"灰部序列"构成的向量在正、负理想点"灰部序列"构成的向量上的投影分别为

$$P_{\eta Y^{-(H)} Y^{+(H)}} (Y^{-(H)} X_1^{(H)}) = 0.0049, \quad P_{\eta Y^{-(H)} Y^{+(H)}} (Y^{-(H)} X_2^{(H)}) = 0.0126$$

$$P_{\eta Y^{-(H)} Y^{+(H)}} (Y^{-(H)} X_3^{(H)}) = 0.0052, \quad P_{\eta Y^{-(H)} Y^{+(H)}} (Y^{-(H)} X_4^{(H)}) = 0.0107$$

正、负理想点"灰部序列"构成的向量在正理想点"灰部序列"与方案点"灰部序列"构成的向量上的投影分别为

$$P_{\eta Y^{+(H)} X_1^{(H)}} (Y^{-(H)} Y^{+(H)}) = 0.1902, \quad P_{\eta Y^{+(H)} X_2^{(H)}} (Y^{-(H)} Y^{+(H)}) = 0.1839$$

$$P_{\eta Y^{+(H)} X_3^{(H)}} (Y^{-(H)} Y^{+(H)}) = 0.1883, \quad P_{\eta Y^{+(H)} X_4^{(H)}} (Y^{-(H)} Y^{+(H)}) = 0.1897$$

（6）根据定理 4.7 计算一致性系数。

首先，分别计算每个方案"白部序列"和"灰部序列"的一致性系数 $\delta_i^{(R)}$ 和 $\delta_i^{(H)}$，具体如下：

$$\delta_1^{(R)} = 0.0308, \quad \delta_2^{(R)} = 0.4370, \quad \delta_3^{(R)} = 0.4057, \quad \delta_4^{(R)} = 0.1290$$

$$\delta_1^{(H)} = 6.6361 \times 10^{-4}, \quad \delta_2^{(H)} = 0.0470, \quad \delta_3^{(H)} = 7.6204 \times 10^{-4}, \quad \delta_4^{(H)} = 0.0032$$

其次，计算综合一致性系数，具体如下：

$$\delta_1 = \delta_1^{(R)} + \delta_1^{(H)} = 0.0308 + 6.6361 \times 10^{-4} = 0.0315$$

$$\delta_2 = \delta_2^{(R)} + \delta_2^{(H)} = 0.4840$$

$$\delta_3 = \delta_3^{(R)} + \delta_3^{(H)} = 0.4057 + 7.6204 \times 10^{-4} = 0.4165$$

$$\delta_4 = \delta_4^{(R)} + \delta_4^{(H)} = 0.1322$$

（7）根据综合一致性系数进行方案排序：$\delta_2 > \delta_3 > \delta_4 > \delta_1$，故方案之间的排序为 $X_2 > X_3 > X_4 > X_1$，所以方案 X_2 最优。从投资公司的角度做决策应该把

X_2 作为最佳投资对象。

　　为了说明该模型的科学性和优越性,将本节的结果与文献[88]的方法所得结果进行比较。文献[71]首先定义了两个区间数的距离计算公式;其次,把区间灰数距离作为关联系数计算方案与理想方案的灰色关联度;最后,根据关联度大小进行排序(表4.6)。从表4.6可以看出本节的方案排序是 $X_2 > X_3 > X_4 > X_1$,而文献[71]的方案排序是 $X_3 > X_2 > X_4 > X_1$,这两个排序结果几乎接近但不完全一致。这也充分说明这两个方法都是合理的。由于两个区间数的距离计算没有被很好地解决,因此文献[71]也会因为计算区间数距离方法的不同可能导致结果的不一致问题。另外,文献[71]只考虑了与正理想方案的关联度,没有考虑与负理想方案的关联度,这很可能造成变化的不一致性问题。相比较而言,本节模型优点在于:① 能够充分利用所给的决策信息,使得决策信息不丢失,这符合灰色系统理论充分利用信息的灰色理论思想。② 综合考虑与正、负理想点的关系,克服了变化的不一致性问题。

表 4.6　不同方法排序比较

方案	文献[71]方法的关联度	关联度排序	方案	本节的双向投影一致性系数值	一致性系数排序
X_1	0.5305	4	X_1	0.0315	4
X_2	0.7457	2	X_2	0.4840	1
X_3	0.8547	1	X_3	0.4165	2
X_4	0.6867	3	X_4	0.1322	3

4.4　本章小结

　　本章对决策矩阵为区间灰数的多属性决策问题进行了研究,利用信息分解的方法,在决策信息不丢失的前提下,将区间灰数序列分解成实数型“白部序列”和“灰部序列”,结合 TOPSIS 思想提出了关联度的测度方法和双向投影的测度方法,并分别构建了关联一致性系数模型和双向投影一致性系数模型。该方法克服了区间灰数决策时只用它的一个白化值代替区间灰数进行决策所带来的问题。该方法的最大优点是充分利用已有的信息进行科学决策,既规避了区间灰数的运算问题,也体现了"充分利用已有信息"的灰色理论思想。该方法评价结果科学客观,程序设计较为方便且易于计算机实现,算例表明了该模型的合理性和科学性,为区间灰数信息下决策问题的研究提供了一个有效的科学途径。

第 5 章　基于一般灰数的关联决策模型研究

5.1　引　　言

自从邓聚龙教授第一次使用欧式距离来测度两个系统在发展趋势上的相似性,并提出了点关联系数的概念和灰色关联度一般模型后,学者们从不同角度对灰色关联度进行了有益改进与拓展研究。刘思峰教授提出灰色绝对关联度和灰色相对关联度模型[141-142],同时在分析前期提出的关联度模型存在的问题及其原因的基础上,从相似性和接近性两个不同的视角测度序列之间的相互关系和影响,提出了灰色相似关联度和灰色绝对关联度。由于人们对复杂系统认识的逐渐精细化,需从不同的角度对灰色关联分析模型进行深入地拓展研究。这主要体现在:一是研究对象方面,从曲线之间的关系分析拓展到曲面之间的关系分析,再到三维空间立体之间的关系分析,乃至 n 维空间的关系分析[57-58],从而使关联分析从一维扩展到多维。二是关联分析的数据类型方面,从实数形式的关联度到区间灰数、灰数、矩阵乃至高维矩阵的关联度模型构建的拓展[69,132-134,143],这使得关联度模型真正解决了灰数类型的数据,体现了灰色理论的思想。随着系统发展演化越来越复杂,其不确定性表现得越来越普遍,对系统刻画很难用一个实数或一个区间灰数准确地描述系统发展和演化特征,为了准确描述系统的特征,刘思峰教授提出了一般灰数的概念。本章在一般灰数概念的基础上,基于核与灰度的思想,循着广义关联分析模型的路径,提出了一般灰数的绝对和相对关联度模型、相似性和接近性关联度模型及其相应的决策模型,并给出了核期望与核方差的一般灰数的排序方法,最后,利用具有实际背景的案例验证了所建模型在决策应用中的科学有效性。

5.2　基于一般灰数的灰色分析关联度模型

5.2.1　基于一般灰数的关联度模型构建

定义 5.1　设 $g_0^{\pm} = \{g_{01}^{\pm}, g_{02}^{\pm}, \cdots, g_{0n}^{\pm}\}$ 为系统特征行为序列,且 $g_1^{\pm} = \{g_{11}^{\pm}, g_{12}^{\pm}, \cdots, g_{1n}^{\pm}\}, \cdots, g_i^{\pm} = \{g_{i1}^{\pm}, g_{i2}^{\pm}, \cdots, g_{in}^{\pm}\}, \cdots, g_m^{\pm} = \{g_{m1}^{\pm}, g_{m2}^{\pm}, \cdots, g_{mn}^{\pm}\}$ 为相关因素序列。给定实数 $\gamma(g_{0k}^{\pm}, g_{ik}^{\pm})$,若 $\gamma(g_0^{\pm}, g_i^{\pm}) = \dfrac{1}{n}\sum\limits_{k=1}^{n}\gamma(g_{0k}^{\pm}, g_{ik}^{\pm})$ 满足:

(1) 规范性:$0 < \gamma(g_0^{\pm}, g_i^{\pm}) \leqslant 1, \gamma(g_0^{\pm}, g_i^{\pm}) = 1 \Leftarrow g_0^{\pm} = g_i^{\pm}$;

(2) 接近性:$|g_0^{\pm} - g_i^{\pm}|$ 越小,$\gamma(g_{0k}^{\pm}, g_{ik}^{\pm})$ 越大。

则称 $\gamma(g_0^{\pm}, g_i^{\pm})$ 为一般灰数序列 $g_0^{\pm}$ 与 $g_i^{\pm}$ 的灰色关联度。$\gamma(g_{0k}^{\pm}, g_{ik}^{\pm})$ 为 $g_0^{\pm}$ 与 $g_i^{\pm}$ 在 k 点的关联系数,并称(1)和(2)为灰色关联公理。

定理 5.1　设

$$g_0^{\pm} = \{g_{01}^{\pm}, g_{02}^{\pm}, \cdots, g_{0n}^{\pm}\}$$

$$g_1^{\pm} = \{g_{11}^{\pm}, g_{12}^{\pm}, \cdots, g_{1n}^{\pm}\}$$

$$\cdots\cdots$$

$$g_i^{\pm} = \{g_{i1}^{\pm}, g_{i2}^{\pm}, \cdots, g_{in}^{\pm}\}$$

$$\cdots\cdots$$

$$g_m^{\pm} = \{g_{m1}^{\pm}, g_{m2}^{\pm}, \cdots, g_{mn}^{\pm}\}$$

对于 $\xi \in (0,1)$,令

$$\gamma(g_{0k}^{\pm}, g_{ik}^{\pm}) = \frac{\min\limits_{i}\min\limits_{k}|g_{0k}^{\pm} - g_{ik}^{\pm}| + \xi\max\limits_{i}\max\limits_{k}|g_{0k}^{\pm} - g_{ik}^{\pm}|}{|g_{0k}^{\pm} - g_{ik}^{\pm}| + \xi\max\limits_{i}\max\limits_{k}|g_{0k}^{\pm} - g_{ik}^{\pm}|}$$

$$\gamma(g_0^{\pm}, g_i^{\pm}) = \frac{1}{n}\sum\limits_{k=1}^{n}\gamma(g_{0k}^{\pm}, g_{ik}^{\pm})$$

则 $\gamma(g_0^\pm,g_i^\pm)$ 为满足灰色关联公理,其中 ξ 称为分辨系数。称 $\gamma(g_0^\pm,g_i^\pm)$ 为一般灰数序列 $g_0^\pm$ 与 $g_i^\pm$ 的灰色关联度。

5.2.2　基于一般灰数的广义关联度模型构建

定义 5.2　设一般灰数序列 $g^\pm=\{g_1^\pm,g_2^\pm,\cdots,g_n^\pm\}$,且一般灰数的简化形式为 $g^\pm=\hat{g}_{i(g_i^\circ)}$,则其始点零化像为

$$
\begin{aligned}
g^{\pm0} &= \{g_1^{\pm0},g_2^{\pm0},\cdots,g_n^{\pm0}\} \\
&= \{g_1^\pm-g_1^\pm,g_2^\pm-g_1^\pm,\cdots,g_n^\pm-g_1^\pm\} \\
&= \{\hat{g}_{1(g_1^\circ)},\hat{g}_{2(g_2^\circ)},\cdots,\hat{g}_{n(g_n^\circ)}\}
\end{aligned}
$$

引理 5.1　设一般灰数序列 $g_i^\pm$ 和 $g_j^\pm$ 是等长等间距序列,$g_i^\pm=\{g_{i1}^\pm,g_{i2}^\pm,\cdots,g_{in}^\pm\}$,$g_j^\pm=\{g_{j1}^\pm,g_{j2}^\pm,\cdots,g_{jm}^\pm\}$,其相应的始点零化像分别为 $g_i^{\pm0}$ 和 $g_j^{\pm0}$,则

$$
|s_i(g_i^\pm)-s_j(g_j^\pm)|=\int_2^n(g_i^{\pm0}-g_j^{\pm0})\mathrm{d}t=\left|\sum_{k=2}^{n-1}(g_{ik}^{\pm0}-g_{jk}^{\pm0})+\frac{1}{2}(g_{im}^{\pm0}-g_{jm}^{\pm0})\right|
$$

$$
|S_i(g_i^\pm)-S_j(g_j^\pm)|=\int_2^n(g_i^\pm-g_j^\pm)\mathrm{d}t=\left|\sum_{k=2}^{n-1}(g_{ik}^\pm-g_{jk}^\pm)+\frac{1}{2}(g_{im}^\pm-g_{jm}^\pm)\right|
$$

证明　由于一般灰数化为简化形式,即实数形式,证明类似文献[39],具体证明过程略。

定理 5.2　设一般灰数序列 $g_i^\pm$ 和 $g_j^\pm$ 是等长等间距序列,$g_i^\pm=\{g_{i1}^\pm,g_{i2}^\pm,\cdots,g_{im}^\pm\}$,$g_j^\pm=\{g_{j1}^\pm,g_{j2}^\pm,\cdots,g_{jm}^\pm\}$,其相应的始点零化像分别为 $g_i^{\pm0}$ 和 $g_j^{\pm0}$,令

$$
|s_i(g_i^\pm)|=\int_2^n g_i^{\pm0}\mathrm{d}t=\left|\sum_{k=2}^{n-1}g_{ik}^{\pm0}+\frac{1}{2}g_{im}^{\pm0}\right|
$$

$$
|s_j(g_j^\pm)|=\int_2^n g_j^{\pm0}\mathrm{d}t=\left|\sum_{k=2}^{n-1}g_{jk}^{\pm0}+\frac{1}{2}g_{jm}^{\pm0}\right|
$$

$$
|s_i(g_i^\pm)-s_j(g_j^\pm)|=\int_2^n(g_i^{\pm0}-g_j^{\pm0})\mathrm{d}t=\left|\sum_{k=2}^{n-1}(g_{ik}^{\pm0}-g_{jk}^{\pm0})+\frac{1}{2}(g_{im}^{\pm0}-g_{jm}^{\pm0})\right|
$$

则称

$$
\varepsilon_{ij}=\frac{1+|s_i(g_i^\pm)|+|s_j(g_j^\pm)|}{1+|s_i(g_i^\pm)|+|s_j(g_j^\pm)|+|s_i(g_i^\pm)-s_j(g_j^\pm)|}
$$

为一般灰数序列 $g_i^\pm$ 和 $g_j^\pm$ 之间的绝对关联度。

证明　(1) 规范性:显然,$\varepsilon_{ij}>0$,又 $|s_i(g_i^\pm)-s_j(g_j^\pm)|\geqslant0$,所以 $\varepsilon_{ij}\leqslant1$;

(2) 接近性:显然成立。

定义 5.3　设一般灰数序列 $g^{\pm}=\{g_1^{\pm},g_2^{\pm},\cdots,g_n^{\pm}\}$，且一般灰数的简化形式为 $g^{\pm}=\hat{g}_{i(g_i^{\circ})}$，则其初值化像为

$$g^{\pm\prime}=\{g_1^{\pm\prime},g_2^{\pm\prime},\cdots,g_n^{\pm\prime}\}=\left\{\frac{g_1^{\pm}}{g_1^{\pm}},\frac{g_2^{\pm}}{g_1^{\pm}},\cdots,\frac{g_n^{\pm}}{g_1^{\pm}}\right\}$$

$$=\{\hat{g}_{1(g_1^{\circ})},\hat{g}_{2(g_2^{\circ})},\cdots,\hat{g}_{n(g_n^{\circ})}\}\quad(\hat{g}_1\neq 0)$$

定理 5.3　设一般灰数序列 $g_i^{\pm}$ 和 $g_j^{\pm}$ 是等长等间距序列，$g_i^{\pm}=\{g_{i1}^{\pm},g_{i2}^{\pm},\cdots,g_{in}^{\pm}\}$，$g_j^{\pm}=\{g_{j1}^{\pm},g_{j2}^{\pm},\cdots,g_{jm}^{\pm}\}$，初值化像分别为 $g_i^{\pm\prime}$ 和 $g_j^{\pm\prime}$，其相应的始点零化像分别为 $g_i^{\pm\prime0}$ 和 $g_j^{\pm\prime0}$，令

$$|s_i'(g_i^{\pm})|=\int_2^n g_i^{\pm\prime0}\mathrm{d}t=\left|\sum_{k=2}^{n-1}g_{ik}^{\pm0}+\frac{1}{2}g_{in}^{\pm\prime0}\right|$$

$$|s_j'(g_j^{\pm})|=\int_2^n g_j^{\pm\prime0}\mathrm{d}t=\left|\sum_{k=2}^{n-1}g_{jk}^{\pm\prime0}+\frac{1}{2}g_{jm}^{\pm\prime0}\right|$$

$$|s_i'(g_i^{\pm})-s_j'(g_j^{\pm})|=\int_2^n(g_i^{\pm\prime0}-g_j^{\pm\prime0})\mathrm{d}t=\left|\sum_{k=2}^{n-1}(g_{ik}^{\pm\prime0}-g_{jk}^{\pm\prime0})+\frac{1}{2}(g_{im}^{\pm\prime0}-g_{jm}^{\pm\prime0})\right|$$

则称

$$r_{ij}=\frac{1+|s_i'(g_i^{\pm})|+|s_j'(g_j^{\pm})|}{1+|s_i'(g_i^{\pm})|+|s_j'(g_j^{\pm})|+|s_i'(g_i^{\pm})-s_j'(g_j^{\pm})|}$$

为一般灰数序列 $g_i^{\pm}$ 和 $g_j^{\pm}$ 之间的相对关联度。

证明　类似定理 5.2。

定义 5.4　设一般灰数序列 $g_i^{\pm}$ 和 $g_j^{\pm}$ 是等长等间距序列，且 $\hat{g}_1\neq 0$，ε_{ij} 和 r_{ij} 分别为一般灰数序列 $g_i^{\pm}$ 与 $g_j^{\pm}$ 的绝对关联度和相对关联度，$\theta\in[0,1]$，则称 $\rho_{ij}=\theta\varepsilon_{ij}+(1-\theta)r_{ij}$ 为一般灰数序列 $g_i^{\pm}$ 与 $g_j^{\pm}$ 的综合关联度。

定理 5.4　设一般灰数序列 $g_i^{\pm}$ 和 $g_j^{\pm}$ 是等长等间距序列，$g_i^{\pm}=\{g_{i1}^{\pm},g_{i2}^{\pm},\cdots,g_{in}^{\pm}\}$，$g_j^{\pm}=\{g_{j1}^{\pm},g_{j2}^{\pm},\cdots,g_{jm}^{\pm}\}$，其相应的始点零化像分别为 $g_i^{\pm0}$ 和 $g_j^{\pm0}$，称 $\alpha_{ij}=\dfrac{1}{1+|s_i(g_i^{\pm})-s_j(g_j^{\pm})|}$ 为一般灰数序列 $g_i^{\pm}$ 和 $g_j^{\pm}$ 基于相似性视角的灰色关联度，简称为相似性关联度，称 $\beta_{ij}=\dfrac{1}{1+|S_i(g_i^{\pm})-S_j(g_j^{\pm})|}$ 为一般灰数序列 $g_i^{\pm}$ 和 $g_j^{\pm}$ 基于接近性视角的灰色关联度，简称为接近性关联度。

证明　(1) 规范性：显然，$\alpha_{ij}>0$，又 $|s_i(g_i^{\pm})-s_j(g_j^{\pm})|\geqslant 0$，所以 $\alpha_{ij}\leqslant 1$；

(2) 接近性：显然成立。

类似可以证明 β_{ij} 也满足邓氏关联度的规范性和接近性。

5.3　基于一般灰数的关联决策模型构建与步骤

基于一般灰数的关联决策模型构建与步骤如下：

（1）将一般灰数决策序列矩阵进行规范化处理。

s_{kj} 为方案 k 的第 j 个指标值，其值为一般灰数，即 $s_{kj} = \bigcup\limits_{i=1}^{n} [\underline{a_i}, \overline{a_i}]$，其中 $k = 1, 2, \cdots, l; j = 1, 2, \cdots, m$。

若 s_{kj} 为效益型指标，则规范化为 $r_{kj} = \bigcup\limits_{i=1}^{n} \left[\dfrac{\underline{a_i}}{(b_{kji})_{\max}}, \dfrac{\overline{a_i}}{(b_{kji})_{\max}} \right]$，其中 $(b_{kji})_{\max} = \max\limits_{1 \leqslant k \leqslant l, 1 \leqslant j \leqslant m}(\overline{a_i})$ ；

若 s_{kj} 为成本型指标，则规范化为 $r_{kj} = \bigcup\limits_{i=1}^{n} \left[\dfrac{(b_{kji})_{\min}}{\overline{a_i}}, \dfrac{(b_{kji})_{\min}}{\underline{a_i}} \right]$，其中 $(b_{kji})_{\min} = \min\limits_{1 \leqslant k \leqslant l, 1 \leqslant j \leqslant m}(\underline{a_i})$ 。

（2）确定正、负理想方案。

正理想方案：

$A^+ = (A_1^+, A_2^+, \cdots, A_l^+)$

$\quad = \{ [\max\limits_{k=1,\cdots,l} \underline{r_{kji}}, \max\limits_{k=1,\cdots,l} \overline{r_{kji}}] \mid r_{kji} \in X, [\min\limits_{k=1,\cdots,l} \underline{r_{kji}}, \min\limits_{k=1,\cdots,l} \overline{r_{kji}}] \mid r_{kji} \in C \}$

负理想方案：

$A^- = (A_1^-, A_2^-, \cdots, A_l^-)$

$\quad = \{ [\min\limits_{k=1,\cdots,l} \underline{r_{kji}}, \min\limits_{k=1,\cdots,l} \overline{r_{kji}}] \mid r_{kji} \in X, [\max\limits_{k=1,\cdots,l} \underline{r_{kji}}, \max\limits_{k=1,\cdots,l} \overline{r_{kji}}] \mid r_{kji} \in C \}$

其中 X, C 分别表示效益型指标和成本型指标。

（3）将一般灰数转化为灰数的简化形式，即 $g^{\pm} = \hat{g}_{i(g_i^{\circ})}$ 的形式。

（4）按定义 5.2 或定义 5.3 分别将一般灰数序列 $g_i^{\pm}$ 通过始点零化像处理为 $g_i^{\pm 0}$。

（5）按定理 5.2 和定理 5.3 计算正、负理想序列与方案序列间的绝对关联度值和相对关联度值。

（6）按定义 5.4 和定义 5.5 计算综合关联度值和综合关联贴近度值。

定义 5.5　称 $\gamma_k = \dfrac{\rho_{+k}}{\rho_{-k}+\rho_{+k}}$ $(k=1,2,\cdots,l)$ 为方案 k 的综合关联贴近度。ρ_{+k} 和 ρ_{-k} 分别表示方案与正、负理想的综合关联度。

(7) 按定义 2.11 的一般灰数排序方法对方案进行排序。

5.4　案 例 分 析

某投资银行准备对一个企业进行投资,通过第一轮筛选后,还剩最后三家企业,现要在这三家企业 A_1,A_2,A_3 中选择一家,其评价指标分别为:S_1:企业年产值(千万元);S_2:企业社会效益(千万元);S_3:环境效率。具体指标数据如表 5.1 所示,试确定银行的最佳投资方案。

表 5.1　一般灰数决策矩阵

	S_1	S_2	S_3
A_1	$[2.7,2.8]\cup[3.0,3.2]$	$[3.3,4.0]$	$[0.2,0.5]\cup[0.6,1]$
A_2	$[2.5,2.6]\cup[2.7,3.0]$	$[3.5,3.9]\cup[4.4,4.5]$	$[0.3,0.4]\cup[0.6,0.8]$
A_3	$[2.9,3.2]\cup[3.4,3.7]$	$[2.6,3.5]\cup3.7$	$[0.4,0.5]\cup[0.6,0.75]$

(1) 将决策矩阵进行规范化处理(表 5.2)。

表 5.2　一般灰数规范化决策矩阵

	S_1	S_2	S_3
A_1	$[0.73,0.757]\cup[0.818,0.865]$	$[0.733,0.889]$	$[0.2,0.333]\cup[0.4,1]$
A_2	$[0.676,0.703]\cup[0.73,0.811]$	$[0.778,0.867]\cup[0.978,1]$	$[0.267,0.333]\cup[0.5,0.667]$
A_3	$[0.784,0.866]\cup[0.919,1]$	$[0.578,0.778]\cup0.822$	$[0.267,0.333]\cup[0.4,0.5]$

(2) 确定正、负理想方案。

$$A^+ = \{[0.919,1],[0.978,1],[0.2,0.333]\}$$
$$A^- = \{[0.676,0.703],[0.578,0.778],[0.5,1]\}$$

(3) 将规范化决策矩阵表示为简化形式的决策矩阵 A,并将正、负理想方案序列化为简化形式。

$$A = \begin{bmatrix} A_1 \\ A_2 \\ A_3 \end{bmatrix} = \begin{bmatrix} 0.725_{(0.075)} & 0.811_{(0.156)} & 0.4833_{(0.9423)} \\ 0.73_{(0.111)} & 0.9056_{(0.105)} & 0.4418_{(0.265)} \\ 0.8923_{(0.113)} & 0.75_{(0.181)} & 0.375_{(0.292)} \end{bmatrix}$$

$$A^+ = [0.9595_{(0.081)}, 0.989_{(0.011)}, 0.2665_{(0.133)}]$$

$$A^- = [0.6895_{(0.027)}, 0.678_{(0.2)}, 0.75_{(0.5)}]$$

（4）按定义 5.2 对正、负理想序列和 A 的每行进行始点零化像处理。

$$A^{+0} = [0_{(0.081)}, 0.0295_{(0.046)}, -0.693_{(0.107)}]$$

$$A^{-0} = [0_{(0.027)}, -0.0115_{(0.114)}, 0.0605_{(0.264)}]$$

$$A_1^0 = [0_{(0.075)}, 0.086_{(0.116)}, -0.2417_{(0.509)}]$$

$$A_2^0 = [0_{(0.111)}, 0.1756_{(0.108)}, -0.2882_{(0.188)}]$$

$$A_3^0 = [0_{(0.113)}, -0.1423_{(0.147)}, -0.5173_{(0.203)}]$$

（5）利用定理 5.2 和定理 5.3 分别计算每个方案与正、负理想方案的绝对关联度和相对关联度及综合关联度。

各方案与正理想方案的绝对关联度、相对关联度和综合关联度分别为

$$\varepsilon_{+1} = 0.8273_{(0.509)}, \quad \varepsilon_{+2} = 0.8253_{(0.188)}, \quad \varepsilon_{+3} = 0.9534_{(0.203)}$$

$$r_{+1} = 0.8300_{(0.509)}, \quad r_{+2} = 0.8720_{(0.188)}, \quad r_{+3} = 0.9374_{(0.203)}$$

$$\rho_{+1} = 0.8287_{(0.509)}, \quad \rho_{+2} = 0.8487_{(0.188)}, \quad \rho_{+3} = 0.9454_{(0.203)}$$

各方案与负理想方案的绝对关联度、相对关联度和综合关联度分别为

$$\varepsilon_{-1} = 0.9849_{(0.509)}, \quad \varepsilon_{-2} = 0.8253_{(0.264)}, \quad \varepsilon_{-3} = 0.7879_{(0.264)}$$

$$r_{-1} = 0.9809_{(0.509)}, \quad r_{-2} = 0.9853_{(0.264)}, \quad r_{-3} = 0.7776_{(0.264)}$$

$$\rho_{-1} = 0.9829_{(0.509)}, \quad \rho_{-2} = 0.9053_{(0.264)}, \quad \rho_{-3} = 0.7828_{(0.264)}$$

（6）计算综合关联相对贴近度。

利用贴近度公式 $\gamma_k = \dfrac{\rho_{+k}}{\rho_{-k} + \rho_{+k}}$ $(k = 1, 2, \cdots, l)$ 分别计算每个方案的贴近度：

$$\gamma_1 = 0.4625_{(0.509)}, \quad \gamma_2 = 0.4839_{(0.264)}, \quad \gamma_3 = 0.5470_{(0.264)}$$

（7）按定义 2.11 对方案进行排序。

可以利用核与灰度的关系，将其简化形式转换为一般区间灰数，其中区间灰数的核期望就是简化形式的核。故按照定义 2.11，可以得到如下排序：$\gamma_3 > \gamma_2 > \gamma_1$。所以方案排序为 $A_3 > A_2 > A_1$，即方案 A_3 为最优方案，即投资银行应该给企业 A_3 进行投资。

5.5　本章小结

随着系统的不确定性更为一般化,对复杂系统不确定性表征更加复杂,本章针对复杂系统信息表征为一般灰数时,提出了一种灰色绝对关联度和灰色相对关联度模型,该模型是现有实数型绝对关联度模型和相对关联度模型的拓展研究。基于核与灰度思想,本章提出了一般灰数的核期望与核方差的排序方法,在此基础上研究了一般灰数的灰色关联决策模型。本章为探讨基于一般灰数的关联度分析提供了一个新的视角和思路,克服了现有模型对一般灰数类型数据的关联分析的不足。最后,通过算例验证了该模型的合理性和有效性。

第 6 章　基于面板数据的一般灰数的
灰色关联决策模型研究

6.1　引　　言

基于邓聚龙教授提出的灰色关联模型,国内外学者提出了很多类型的关联度模型,但是对于面板数据的关联度研究相对较少,且已有的研究都是以距离或凹凸性等视角来刻画此关联关系的,这些对较为分散的面板数据往往很难准确刻画整体发展趋势,对于面板数据类型为一般灰数的关联模型研究非常之少。现实决策问题中,由于测量误差、信息缺乏等使得存在"元素信息不完全""结构信息不完全""行为信息不确定性""系统演化不确定性"等原因造成决策信息表现为复杂性和不确定性。目前对不确定信息的处理,主要是利用区间灰数来表征信息和数据处理,而且主要研究方法多数是借用区间数的方法进行的,但是区间数与区间灰数是有着本质区别的,因此仅用区间数的方法研究区间灰数结果必然会有不当之处。为了更加准确地表征不确定信息,本章基于第2章给出了一般灰数的概念、一般灰数的距离测度方法及其运算法则:首先,利用投影方法将面板数据转化为对象(样本)关于指标的时间序列行为矩阵,矩阵的每一行是某一指标的一个时间序列,把每个时间序列看作一条折线,基于两折线间的斜率和面积的视角测度其相似性和接近性;其次,将面板数据类型拓展为一般灰数,构建灰色面板数据的相似性和接近性灰色关联度模型。

6.2　灰色面板数据关联度模型的理论基础

面板数据结构比较复杂,它的横向是截面数据,纵剖面是时间序列,即每个对象的指标动态发展水平趋势,从几何意义看是三维空间的一个点。设有 N 个对象(样本),每个对象有 M 个指标,观测时间长度为 T,那么可以将面板数据转化为一个二级二维表的形式[171],但是二级二维表比较抽象,缺乏直观性。为了使其具有直观性和便于编程计算,将面板数据用矩阵表示,具体见定义6.1。

定义 6.1　设有 N 个对象(样本),每个对象有 M 个指标,观测时间长度为 T,面板数据 X 中第 i 个对象关于指标 m 在 t 时刻的值记为 $x_i(m,t)>0$,其中 $i=1,2,\cdots,N;m=1,2,\cdots,M;t=1,2,\cdots,T$,则称

$$X_i = \begin{bmatrix} x_i(1,1) & x_i(1,2) & \cdots & x_i(1,T) \\ x_i(2,1) & x_i(2,2) & \cdots & x_i(2,T) \\ \vdots & \vdots & & \vdots \\ x_i(M,1) & x_i(M,2) & \cdots & x_i(M,T) \end{bmatrix}$$

为对象(样本) i 的行为矩阵,对应的面板矩阵序列 $X=(X_1,X_2,\cdots,X_N)$ 称为对象(样本)矩阵序列。

类似地,可以定义指标矩阵序列和时间矩阵序列,在此不再赘述。由于这三个序列没有主次之分,只是角度不同而已,且关联度模型的构建机理极其相似,故以对象(样本)的矩阵序列为例研究灰色面板数据的关联度模型。

6.3　灰色面板数据相似性和接近性关联度模型构建

6.3.1　灰色面板数据相似性关联度模型

由于现实世界不确定性信息的广泛存在,对面板数据类型为一般灰数的相似性和接近性关联度模型的研究成为亟待解决的重要理论问题。将数据类型为一般灰数的面板数据称为灰色面板数据(记为 $X(\bigotimes)$)。类似于定义 6.1,可以定义 $X_i(\bigotimes)$ 为对象(样本)i 关于指标 s 的时间序列行为矩阵。

定义 6. 2　设 $X_i(\bigotimes) = (g_i^{\pm}(1), g_i^{\pm}(2), \cdots, g_i^{\pm}(m))^{\mathrm{T}}$,其中,$g_i^{\pm}(s) = (g_i^{\pm}(s,1), g_i^{\pm}(s,2), \cdots, g_i^{\pm}(s,T))(s=1,2,\cdots,m)$,则称 $g_i^{\pm}(s)$ 为对象(样本)关于指标 s 的时间序列,$X_i(\bigotimes)$ 是由各指标时间序列所构成的灰色面板数据。

每个 $g_i^{\pm}(s)$ 为对象(样本)关于指标 s 的时间序列可以看成是一条灰折线。一方面,从折线斜率的视角测度两个样本同一指标时间序列的相似性;另一方面,从两条折线构成的面积视角测度两个样本同一指标时间序列的接近性,进而构建基于灰色面板数据的灰色相似性和接近性关联度模型。

定义 6. 3　设 $g_i^{\pm}(s) = (g_i^{\pm}(s,1), g_i^{\pm}(s,2), \cdots, g_i^{\pm}(s,T))$,$g_j^{\pm}(s) = (g_j^{\pm}(s,1), g_j^{\pm}(s,2), \cdots, g_j^{\pm}(s,T))(s=1,2,\cdots,m)$。

对象(样本)i 与对象(样本)j 关于指标 s 的时间序列分别记为

$$k_{ij}^s(\bigotimes) = \sum_{t=2}^{T} \left[\left| g_i^{\pm}(s,t) - g_i^{\pm}(s,t-1) \right| - \left| g_j^{\pm}(s,t) - g_j^{\pm}(s,t-1) \right| \right]$$

$$s_{ij}^s(\bigotimes) = \sum_{k=1}^{T-1} \int_k^{k+1} \left| g_i^{\pm}(s) - g_j^{\pm}(s) \right| \mathrm{d}t$$

$$
=\begin{cases}
\dfrac{1}{2}\displaystyle\sum_{t=2}^{T}\big[\,|\,g_i^{\pm}(s,t)-g_j^{\pm}(s,t)\,|+|\,g_i^{\pm}(s,t-1)-g_j^{\pm}(s,t-1)\,|\,\big], & \text{图形为两个梯形}\\[4mm]
\dfrac{1}{2}\displaystyle\sum_{t=2}^{T-1}|\,g_i^{\pm}(s,t)-g_j^{\pm}(s,t)\,|\ \text{或}\ \dfrac{1}{2}\displaystyle\sum_{t=2}^{T-1}|\,g_i^{\pm}(s,t-1)-g_j^{\pm}(s,t-1)\,|, & \text{图形为三角形}\\[4mm]
\dfrac{1}{2}\displaystyle\sum_{t=2}^{T}\big[\,|\,g_i^{\pm}(s,t-1)+g_j^{\pm}(s,t-1)-(g_i^{\pm}(s,t)+g_j^{\pm}(s,t))\,|\,\big]\\[3mm]
\quad-\displaystyle\sum_{t=2}^{T-1}\dfrac{|\,g_i^{\pm}(s,t-1)-g_j^{\pm}(s,t-1)\,|\cdot|\,g_i^{\pm}(s,t)-g_j^{\pm}(s,t)\,|}{|\,g_i^{\pm}(s,t-1)-g_j^{\pm}(s,t-1)-g_i^{\pm}(s,t)+g_j^{\pm}(s,t)\,|}, & \text{图形为两个对顶三角形}
\end{cases}
$$

定义 6.4　设 $X(\otimes)=(X_1(\otimes),X_2(\otimes),\cdots,X_N(\otimes))$ 为对象(样本)行为矩阵序列，其中，$X_i(\otimes)=(g_i^{\pm}(1),g_i^{\pm}(2),\cdots,g_i^{\pm}(m))^{\mathrm{T}}$，$X_j(\otimes)=(g_j^{\pm}(1),g_j^{\pm}(2),\cdots,g_j^{\pm}(m))^{\mathrm{T}}$。令 $\varepsilon_{ij}^{s}(\otimes)=\dfrac{1}{1+k_{ij}^{s}(\otimes)}$，称 $\varepsilon_{ij}^{s}(\otimes)$ 为 $X_i(\otimes)$ 与 $X_j(\otimes)$ 关于指标 s 的相似性关联系数。其中，$k_{ij}^{s}(\otimes)$ 是对象(样本)i 与对象(样本)j 关于指标 s 的时间序列折线 $g_i^{\pm}(s)$ 与 $g_j^{\pm}(s)$ 的斜率之差的绝对值，该值是一般灰数的简化形式。

定理 6.1　设 $X(\otimes)=(X_1(\otimes),X_2(\otimes),\cdots,X_N(\otimes))$ 为对象(样本)行为矩阵序列，其中，$X_i(\otimes)=(g_i^{\pm}(1),g_i^{\pm}(2),\cdots,g_i^{\pm}(m))^{\mathrm{T}}$，$X_j(\otimes)=(g_j^{\pm}(1),g_j^{\pm}(2),\cdots,g_j^{\pm}(m))^{\mathrm{T}}$。令 $\varepsilon_{ij}(\otimes)=\dfrac{1}{m}\cdot\displaystyle\sum_{s=1}^{m}\varepsilon_{ij}^{s}(\otimes)$，则称 $\varepsilon_{ij}(\otimes)$ 为灰色面板数据 $X_i(\otimes)$ 与 $X_j(\otimes)$ 的相似性关联度。

定理 6.2　基于灰色面板数据的灰色相似关联度 $\varepsilon_{ij}(\otimes)$ 具有下列性质：

(1) 规范性：$0<\varepsilon_{ij}(\otimes)\leqslant 1$；

(2) 平行性：$\varepsilon_{ij}(\otimes)$ 仅与 $X_i(\otimes)$ 和 $X_j(\otimes)$ 几何形状相关，与空间位置无关；

(3) 接近性：$X_i(\otimes)$ 与 $X_j(\otimes)$ 几何形状越相似，则 $\varepsilon_{ij}(\otimes)$ 越大，反之就越小；

(4) 自反性：$\varepsilon_{ii}(\otimes)=1$；

(5) 对称性：$\varepsilon_{ij}(\otimes)=\varepsilon_{ji}(\otimes)$。

证明　(1) 因为

$$
k_{ij}^{s}(\otimes)=\sum_{t=2}^{T}\big[\,|\,g_i^{\pm}(s,t)-g_i^{\pm}(s,t-1)\,|-|\,g_j^{\pm}(s,t)-g_j^{\pm}(s,t-1)\,|\,\big]
$$

所以

$$
k_{ij}^{s}(\otimes)\geqslant 0
$$

又因为

$$\varepsilon_{ij}^s(\otimes) = \frac{1}{1 + k_{ij}^s(\otimes)}$$

所以

$$0 < \varepsilon_{ij}^s(\otimes) \leqslant 1$$

又因为

$$\varepsilon_{ij}(\otimes) = \frac{1}{m} \cdot \sum_{s=1}^{m} \varepsilon_{ij}^s(\otimes)$$

所以

$$0 < \varepsilon_{ij}(\otimes) \leqslant 1$$

(2) 当 $g_i^{\pm'}(s) = g_i^{\pm}(s) + \alpha, g_j^{\pm'}(s) = g_j^{\pm}(s) + \alpha$ 时,由 $k_{ij}^s(\otimes), \varepsilon_{ij}^s(\otimes)$ 定义,知

$$\varepsilon_{ij}^s(\otimes) = \varepsilon_{ij}^{s'}(\otimes)$$

再由 $\varepsilon_{ij}(\otimes)$ 的定义,知

$$\varepsilon_{ij}(\otimes) = \varepsilon_{ij}'(\otimes)$$

其中,$\varepsilon_{ij}(\otimes)$ 仅与 $X_i(\otimes)$ 和 $X_j(\otimes)$ 的几何形状相关,或者说,平移变换不改变相似关联度的值。

(3) $X_i(\otimes)$ 与 $X_j(\otimes)$ 的几何形状越相似,$k_{ij}^s(\otimes)$ 越小,$\varepsilon_{ij}^s(\otimes) = \frac{1}{1 + k_{ij}^s(\otimes)}$ 越大,故 $\varepsilon_{ij}(\otimes) = \frac{1}{m} \cdot \sum_{s=1}^{m} \varepsilon_{ij}^s(\otimes)$ 也越大,反之就越小。

(4) 当 $g^{\pm}(s) = g_i^{\pm}(s)$ 时,$k_{ii}^s(\otimes) = 0, \varepsilon_{ii}^s(\otimes) = 1$,所以 $\varepsilon_{ii}(\otimes) = \frac{1}{m} \cdot \sum_{s=1}^{m} \varepsilon_{ii}^s(\otimes) = 1$。

(5) 由 $k_{ij}^s(\otimes), \varepsilon_{ij}^s(\otimes), \varepsilon_{ij}(\otimes)$ 的定义,显然有 $\varepsilon_{ij}(\otimes) = \varepsilon_{ji}(\otimes)$。

6.3.2 灰色面板数据接近性关联度模型

定义 6.5 设 $X(\otimes) = (X_1(\otimes), X_2(\otimes), \cdots, X_N(\otimes))$ 为对象(样本)行为矩阵序列,其中,设 $X_i(\otimes) = (g_i^{\pm}(1), g_i^{\pm}(2), \cdots, g_i^{\pm}(m))^T$,$X_j(\otimes) = (g_j^{\pm}(1), g_j^{\pm}(2), \cdots, g_j^{\pm}(m))^T$。令 $\rho_{ij}^s(\otimes) = \frac{1}{1 + s_{ij}^s(\otimes)}$,称 $\rho_{ij}^s(\otimes)$ 为 $g_i^{\pm}(s)$ 与 $g_j^{\pm}(s)$ 关于指标 s 的接近性关联系数。其中,$s_{ij}^s(\otimes)$ 是对象(样本)i 与对象(样本)j 关于指标 s 的时间序列折线 $g_i^{\pm}(s)$ 与 $g_j^{\pm}(s)$ 之间构成图形的面积,该值是

一般灰数的简化形式。

定理 6.3　设 $X(\otimes)=(X_1(\otimes),X_2(\otimes),\cdots,X_N(\otimes))$ 为对象(样本)行为矩阵序列，其中，$X_i(\otimes)=(g_i^{\pm}(1),g_i^{\pm}(2),\cdots,g_i^{\pm}(m))^{\mathrm{T}}$，$X_j(\otimes)=(g_j^{\pm}(1),g_j^{\pm}(2),\cdots,g_j^{\pm}(m))^{\mathrm{T}}$。令 $\rho_{ij}(\otimes)=\dfrac{1}{m}\cdot\sum\limits_{s=1}^{m}\rho_{ij}^s(\otimes)$，则称 $\rho_{ij}(\otimes)$ 为灰色面板数据为 $X_i(\otimes)$ 与 $X_j(\otimes)$ 的接近性关联度。

定理 6.4　基于灰色面板数据的灰色接近性关联度 $\rho_{ij}(\otimes)$ 具有下列性质：

(1) 规范性：$0<\rho_{ij}(\otimes)\leqslant 1$；

(2) 平行性：$\rho_{ij}(\otimes)$ 仅与 $X_i(\otimes)$ 和 $X_j(\otimes)$ 的几何形状相关，与空间位置无关；

(3) 接近性：$X_i(\otimes)$ 与 $X_j(\otimes)$ 的几何形状越接近，则 $\rho_{ij}(\otimes)$ 越大，反之就越小；

(4) 自反性：$\rho_{ii}(\otimes)=1$；

(5) 对称性：$\rho_{ij}(\otimes)=\rho_{ji}(\otimes)$。

证明　(1) 因为

$$s_{ij}^s(\otimes)=\sum_{k=1}^{T-1}\int_k^{k+1}|g_i^{\pm}(s)-g_j^{\pm}(s)|\,\mathrm{d}t$$

所以

$$s_{ij}^s(\otimes)\geqslant 0$$

又因为

$$\rho_{ij}^s(\otimes)=\frac{1}{1+s_{ij}^s(\otimes)}$$

所以

$$0<\rho_{ij}^s(\otimes)\leqslant 1$$

又因为

$$\rho_{ij}(\otimes)=\frac{1}{m}\cdot\sum_{s=1}^{m}\rho_{ij}^s(\otimes)$$

所以

$$0<\rho_{ij}(\otimes)\leqslant 1$$

(2) 当 $g_i^{\pm'}(s)=g_i^{\pm}(s)+\alpha$，$g_j^{\pm'}(s)=g_j^{\pm}(s)+\alpha$ 时，由 $s_{ij}^s(\otimes)$，$\rho_{ij}^s(\otimes)$ 定义，知

$$\rho_{ij}^s(\otimes)=\rho_{ij}^{s'}(\otimes)$$

再由 $\rho_{ij}(\otimes)$ 的定义,知

$$\rho_{ij}(\otimes) = \rho'_{ij}(\otimes)$$

其中, $\rho_{ij}(\otimes)$ 仅与 $X_i(\otimes)$ 和 $X_j(\otimes)$ 的几何形状相关,或者说,平移变换不改变接近性关联度的值。

(3) $X_i(\otimes)$ 与 $X_j(\otimes)$ 的几何形状越接近, $s_{ij}^s(\otimes)$ 越小, $\rho_{ij}^s(\otimes) = \dfrac{1}{1+s_{ij}^s(\otimes)}$ 越大,故 $\varepsilon_{ij}(\otimes) = \dfrac{1}{m} \cdot \sum\limits_{s=1}^{m} \varepsilon_{ij}^s(\otimes)$ 也越大,反之就越小。

(4) 当 $g_i^{\pm}(s) = g_i^{\pm}(s)$ 时, $s_{ii}^s(\otimes) = 0$, $\rho_{ii}^s(\otimes) = 1$,所以 $\rho_{ii}(\otimes) = \dfrac{1}{m} \cdot \sum\limits_{s=1}^{m} \rho_{ii}^s(\otimes) = 1$。

(5) 由 $s_{ij}^s(\otimes)$, $\rho_{ij}^s(\otimes)$, $\rho_{ij}(\otimes)$ 的定义,显然有 $\rho_{ij}(\otimes) = \rho_{ji}(\otimes)$。

6.3.3　算例分析

企业对社会的贡献价值对于企业发展越来越重要。为了正确评价企业对社会的贡献价值,现就三个企业 X_1, X_2, X_3 在 2012～2014 年三年间的社会贡献价值进行评估,选择的指标分别为经济效益、社会效益、环境效益三个评价指标,由于这些指标测度难和信息的不完备性,为了准确地表达信息,现将这些指标表示为一般灰数形式。为了简单起见,将面板数据表示为矩阵形式,设 X_0 为各指标各年理想状态的面板数据,试计算 X_0 与 X_1, X_2, X_3 的相似性和接近性关联度值。

$$X_0 = \begin{bmatrix} [1.0,1.3] & [2.0,2.3] & [3.0,3.7] \\ [1.2,1.6] & [1.5,1.8] & [1.8,2.2] \\ [2.1,2.3] & [2.3,2.5] & [2.6,3.0] \end{bmatrix}$$

$$X_1 = \begin{bmatrix} [3.3,3.6] & [6.2,6.9] & [9.8,10.8] \\ [5.2,6.8] & [9.5,10.1] & [13.8,14.2] \\ [6.1,7.4] & [8.3,9.9] & [12.6,13.2] \end{bmatrix}$$

$$X_2 = \begin{bmatrix} [1.1,1.3] & [1.8,2.2] & [2.7,3.2] \\ [1.3,1.7] & [1.6,2.8] & [1.9,2.9] \\ [2.3,2.5] & [2.2,2.7] & [3.0,3.3] \end{bmatrix}$$

$$X_3 = \begin{bmatrix} 3_{(0.2)} & 2 & 2_{(0.3)} \\ g_{21}^{\pm} & 6_{(0.4)} & 4_{(0.1)} \\ 2.8 & g_{32}^{\pm} & 3 \end{bmatrix}$$

其中，$g_{21}^{\pm}=\otimes_1 \cup \otimes_2 \cup 2 \cup \otimes_4 \cup 6$，$g_{32}^{\pm}=\otimes_6 \cup 20 \cup \otimes_8 \cup \otimes_9$，其中 $\otimes_1 = [1,3]$，$\otimes_2 = [2,4]$，$\otimes_4 = [5,9]$，$\otimes_6 = [12,16]$，$\otimes_8 = [11,15]$，$\otimes_9 = [15,19]$，假设 $g_{21}^{\pm}$ 的论域 $\Omega = [0,32]$，$g_{32}^{\pm}$ 的论域 $\Omega = [10,60]$，以区间长度作为 Ω 的测度。

（1）将面板数据中的一般灰数（区间灰数和实数是一般灰数的特例）转化为一般灰数的简化形式，其中第一个指标论域 $\Omega = [0,10]$，第二个指标论域 $\Omega = [0,32]$，第三个指标论域 $\Omega = [10,60]$。

$$X_0 = \begin{bmatrix} 1.15_{(0.03)} & 2.15_{(0.03)} & 3.35_{(0.07)} \\ 1.4_{(0.125)} & 1.65_{(0.009)} & 2_{(0.125)} \\ 2.2_{(0.004)} & 2.4_{(0.004)} & 2.8_{(0.008)} \end{bmatrix}$$

$$X_1 = \begin{bmatrix} 3.45_{(0.03)} & 6.55_{(0.07)} & 10.3_{(0.1)} \\ 5.9_{(0.019)} & 9.8_{(0.019)} & 14_{(0.013)} \\ 6.75_{(0.026)} & 9.1_{(0.032)} & 12.9_{(0.012)} \end{bmatrix}$$

$$X_2 = \begin{bmatrix} 1.2_{(0.02)} & 2_{(0.04)} & 2.95_{(0.05)} \\ 1.5_{(0.013)} & 2.2_{(0.038)} & 2.4_{(0.016)} \\ 2.4_{(0.004)} & 2.45_{(0.01)} & 3.15_{(0.006)} \end{bmatrix}$$

$$X_3 = \begin{bmatrix} 3_{(0.2)} & 2 & 2_{(0.3)} \\ 4_{(0.297)} & 6_{(0.4)} & 4_{(0.1)} \\ 2.8 & 16_{(0.22)} & 3 \end{bmatrix}$$

（2）分别求 $k_{ij}^s(\otimes)$，$\varepsilon_{ij}^s(\otimes)$，$s_{ij}^s(\otimes)$，$\rho_{ij}^s(\otimes)$。

$k_{01}^1(\otimes) = 4.65_{(0.1)}$，　$k_{01}^2(\otimes) = 3.85_{(0.125)}$，　$k_{01}^3(\otimes) = 3.4_{(0.032)}$

$\varepsilon_{01}^1(\otimes) = 0.177_{(0.1)}$，　$\varepsilon_{01}^2(\otimes) = 0.206_{(0.125)}$，　$\varepsilon_{01}^3(\otimes) = 0.227_{(0.032)}$

$s_{01}^1(\otimes) = 9.025_{(0.1)}$，　$s_{01}^2(\otimes) = 16.4_{(0.125)}$，　$s_{01}^3(\otimes) = 14.025_{(0.032)}$

$\rho_{01}^1(\otimes) = 0.1_{(0.1)}$，　$\rho_{01}^2(\otimes) = 0.057_{(0.125)}$，　$\rho_{01}^3(\otimes) = 0.067_{(0.032)}$

类似地，可以求其他值。

（3）分别求相似性关联度 $\varepsilon_{ij}(\otimes)$ 和接近性关联度 $\rho_{ij}(\otimes)$ 的值并排序。

$\varepsilon_{01}(\otimes) = 0.203_{(0.125)}$，　$\varepsilon_{02}(\otimes) = 0.778_{(0.125)}$，　$\varepsilon_{03}(\otimes) = 0.168_{(0.3)}$

相似性关联度排序为

$$\varepsilon_{02}(\otimes) > \varepsilon_{01}(\otimes) > \varepsilon_{03}(\otimes)$$

$\rho_{01}(\otimes) = 0.075_{(0.125)}$，　$\rho_{02}(\otimes) = 0.674_{(0.125)}$，　$\rho_{03}(\otimes) = 0.192_{(0.3)}$

接近性关联度排序为

$$\rho_{02}(\otimes) > \rho_{03}(\otimes) > \rho_{01}(\otimes)$$

现将本节结果与文献[171]的方法排序结果进行比较,以便说明本节方法的合理性和科学性。文献[171]相似性关联度排序为 $\varepsilon_{02}(\otimes)>\varepsilon_{03}(\otimes)>\varepsilon_{01}(\otimes)$,而本节排序结果为 $\varepsilon_{02}(\otimes)>\varepsilon_{01}(\otimes)>\varepsilon_{03}(\otimes)$。文献[171]接近性关联度排序为 $\rho_{02}(\otimes)>\rho_{01}(\otimes)>\rho_{03}(\otimes)$,而本节排序结果为 $\rho_{02}(\otimes)>\rho_{03}(\otimes)>\rho_{01}(\otimes)$。从结果可以看出两者排序不完全一致,主要是因为两者对一般灰数的处理方法的不同以及对相似性和接近性测度视角的差异造成的。算例进一步表明该模型能够较好地表达面板数据类型为一般灰数时行为序列之间的关系,充分说明该模型在度量灰色面板数据相似性和接近性方面具有其可行性和合理性。

6.3.4　结　语

本节根据关联度模型构建的基本思想,将其拓展到灰色面板数据之间的灰色关联度分析,通过两条折线之间的斜率和所夹的面积来测度其相似性和接近性。在对一般灰数距离测度、运算法则和排序方法研究的基础上,本节进一步构建了数据类型为一般灰数的面板数据相似性和接近性关联度模型。算例表明所构建的关联度模型能够准确地表达灰色面板数据之间的关联关系,为灰元类型的面板数据关联分析提供了一个研究视角。

6.4　灰色面板数据的关联决策评价模型拓展及应用

针对面板数据类型为一般灰数(简称灰色面板数据)时,灰色关联决策评价模型缺失这一现状,为了更加准确地表征不确定信息,本节基于第 2 章给出了一般灰数的概念、复杂信息和不确定性的一般灰数表征、一般灰数的距离测度方法及其运算法则基础。首先,将灰色面板数据转化为时间关于样本在指标值上的时间矩阵序列,每个时刻的样本指标观测矩阵可以看作 n 维空间的一个点,其灰色面板数据的时间矩阵序列类似于邓氏关联度的系统特征行为序列;其次,基于关联度构造思想,构建灰色面板数据的灰色关联度模型并应用于动态多指标综合评价;最后,利用算例证明该模型对于复杂不确定信息的决策评价问题具有良好效果。

6.4.1　灰色面板数据的矩阵表示

灰色面板数据结构比较复杂,它的横向是截面数据,纵剖面是时间序列。设有 N 个样本,每个样本有 M 个指标,观测时间长度为 T,那么可以将面板数据转化为一个二级二维表的形式[171],为了便于编程计算,将灰色面板数据用矩阵表示,具体见定义 6.6。

定义 6.6　设有 N 个样本,每个样本有 M 个指标,观测时间长度为 T,灰色面板数据 $X(\otimes)$ 中第 t 时刻关于样本 i 在指标 m 的值记为 $g_t^{\pm}(i,m)(>0)$,其中 $i=1,2,\cdots,N;m=1,2,\cdots,M;t=1,2,\cdots,T$,则称

$$X_t(\otimes) = \begin{bmatrix} g_t^{\pm}(1,1) & g_t^{\pm}(1,2) & \cdots & g_t^{\pm}(1,M) \\ g_t^{\pm}(2,1) & g_t^{\pm}(2,2) & \cdots & g_t^{\pm}(2,M) \\ \vdots & \vdots & & \vdots \\ g_t^{\pm}(N,1) & g_t^{\pm}(N,2) & \cdots & g_t^{\pm}(N,M) \end{bmatrix}$$

为 t 时刻的样本指标观测矩阵,对应的灰色面板矩阵序列 $X(\otimes)=(X_1(\otimes), X_2(\otimes),\cdots,X_T(\otimes))$ 称为时间矩阵序列。

定义 6.7　设 $X_t(\otimes)=(g_t^{\pm}(1),g_t^{\pm}(2),\cdots,g_t^{\pm}(N))^{\mathrm{T}}$ 是由各样本的指标序列所构成的灰色矩阵数据。其中,$g_t^{\pm}(i)=(g_t^{\pm}(i,1),g_t^{\pm}(i,2),\cdots,g_t^{\pm}(i,M))$ $(i=1,2,\cdots,N)$,且 $g_t^{\pm}(i)$ 为灰色面板数据 $X(\otimes)$ 中第 t 时刻关于样本 i 在指标 m 的值。

类似于定义 6.6 可以定义样本矩阵序列及指标矩阵序列,由于这三个序列没有主次之分,只是角度不同而已,且关联度模型的构造机理极其相似,故本节以时间矩阵序列为例研究灰色面板数据的关联度模型。

6.4.2　灰色矩阵数据规范化算子

在决策评价过程中为了消除指标量纲和量级的影响并使其具有可比性,首先要对指标进行规范化处理。设第 t 个时刻关于样本 i 在指标 m 的值记为 $g_t^{\pm}(i,m)$,其中 $t=1,2,\cdots,T$,若 $g_t^{\pm}(i,m)$ 是效益型指标,则规范化算子为

$$g_t^\pm(i,m)d_1 = \frac{g_t^\pm(i,m) - \min\limits_i g_t^\pm(i,m)}{\max\limits_i g_t^\pm(i,m) - \min\limits_i g_t^\pm(i,m)}$$

若 $g_t^\pm(i,m)$ 是成本型指标,则规范化算子为

$$g_t^\pm(i,m)d_2 = \frac{\min\limits_i g_t^\pm(i,m) - g_t^\pm(i,m)}{\max\limits_i g_t^\pm(i,m) - \min\limits_i g_t^\pm(i,m)}$$

若 $g_t^\pm(i,m)$ 是区间型指标,指标值落在某个区间内是最优,则规范化算子为

$$g_t^\pm(i,m)d_3 = \begin{cases} \dfrac{g_t^\pm(i,m) - \min\limits_i g_t^\pm(i,m)}{a - \min\limits_i g_t^\pm(i,m)}, & \min\limits_i g_t^\pm(i,m) \leqslant g_t^\pm(i,m) < a \\[3mm] 1, & a \leqslant x_t(i,m) \leqslant b \\[3mm] \dfrac{\max\limits_i g_t^\pm(i,m) - g_t^\pm(i,m)}{\max\limits_i g_t^\pm(i,m) - b}, & b < g_t^\pm(i,m) \leqslant \max\limits_i g_t^\pm(i,m) \end{cases}$$

$g_i^\pm(m,t)$ 和 $g_m^\pm(i,t)$ 两类标准化方法与 $g_t^\pm(i,m)$ 一致,在此不再赘述。

6.4.3　基于一般灰数的面板数据关联度模型构建

定义 6.8　设 $X_{t_1}(\otimes) = (g_{t_1}^\pm(1), g_{t_1}^\pm(2), \cdots, g_{t_1}^\pm(n))$, $X_{t_2}(\otimes) = (g_{t_2}^\pm(1),$ $g_{t_2}^\pm(2), \cdots, g_{t_2}^\pm(n))$ 为 t_1 和 t_2 时刻样本的指标矩阵,$d_{t_1 t_2}(g_{t_1}^\pm(i), g_{t_2}^\pm(i))$ 为 $g_{t_1}^\pm(i)$ 与 $g_{t_2}^\pm(i)$ 之间的距离,则

$$\begin{aligned} d_{t_1 t_2}(g_{t_1}^\pm(i), g_{t_2}^\pm(i)) &= \left| g_{t_1}^\pm(i) - g_{t_2}^\pm(i) \right| \\ &= \sum_{m=1}^M D_m(g_{t_1}^\pm(i,m), g_{t_2}^\pm(i,m)) \\ &= D_1(g_{t_1}^\pm(i,1), g_{t_2}^\pm(i,1)) + D_2(g_{t_1}^\pm(i,2), g_{t_2}^\pm(i,2)) \\ &\quad + \cdots + D_M(g_{t_1}^\pm(i,M), g_{t_2}^\pm(i,M)) \end{aligned}$$

其中,$D_M(g_{t_1}^\pm(i,M), g_{t_2}^\pm(i,M))$ 为一般灰数 $g_{t_1}^\pm(i,M)$ 与 $g_{t_2}^\pm(i,M)$ 之间的距离。

定理 6.5　设灰色面板数据的时间矩阵序列 $X(\otimes) = (X_1(\otimes), X_2(\otimes), \cdots,$ $X_T(\otimes))$,即表示成如下一维序列形式:

$$X_1(\otimes) = (g_1^\pm(1), g_1^\pm(2), \cdots, g_1^\pm(N))$$

$$\cdots\cdots$$

$$X_t(\otimes) = (g_t^\pm(1), g_t^\pm(2), \cdots, g_t^\pm(N))$$

$$\cdots\cdots$$

$$X_T(\otimes) = (g_{\overline{T}}^{\pm}(1), g_{\overline{T}}^{\pm}(2), \cdots, g_{\overline{T}}^{\pm}(N))$$

对于 $\xi \in (0,1)$，令

$$\gamma(g_{\overline{1}}^{\pm}(i), g_t^{\pm}(i))$$

$$= \frac{\min\limits_{t} \min\limits_{i} |d_{1t}(g_{\overline{1}}^{\pm}(i), g_t^{\pm}(i))| + \xi \max\limits_{t} \max\limits_{i} |d_{1t}(g_{\overline{1}}^{\pm}(i), g_t^{\pm}(i))|}{|d_{1t}(g_{\overline{1}}^{\pm}(i), g_t^{\pm}(i))| + \xi \max\limits_{t} \max\limits_{i} |d_{1t}(g_{\overline{1}}^{\pm}(i), g_t^{\pm}(i))|}$$

$$\gamma(X_1(\otimes), X_t(\otimes)) = \frac{1}{N-1} \sum_{i=1}^{N-1} \gamma(g_{\overline{1}}^{\pm}(i), g_t^{\pm}(i))$$

称 $\gamma(X_1(\otimes), X_t(\otimes))$ 为基于时间的灰色面板数据关联度。

可以证明该关联度满足：

(1) 规范性：$0 < \gamma(X_1(\otimes), X_t(\otimes)) \leqslant 1$，$\gamma(X_1(\otimes), X_t(\otimes)) = 1 \Leftarrow X_1(\otimes)$ $= X_t(\otimes)$；

(2) 接近性：$\max\limits_{t} \max\limits_{i} |d_{1t}(g_{\overline{1}}^{\pm}(i), g^{\pm}(i))|$ 不是无穷大，所以接近性显然成立。

类似地，可以定义基于样本的灰色面板数据的关联度模型和基于指标的灰色面板数据的关联度模型。

6.4.4　基于灰色面板数据的关联度决策算法步骤

基于灰色面板数据的关联度决策算法步骤如下：

(1) 灰色面板数据规范化预处理。

(2) 确定正、负理想样本矩阵。

$g_t^{\pm}(i, m)$ 为第 t 个时刻关于样本 i 在指标 m 的值，规范化后记为 r_{kji}，则 t 时刻正、负理想值分别为

$$X_t^+(\otimes) = \{[\max\limits_{k=1,\cdots,l} \underline{r}_{kji}, \max\limits_{k=1,\cdots,l} \bar{r}_{kji}] | r_{kji} \in X, [\min\limits_{k=1,\cdots,l} \underline{r}_{kji}, \min\limits_{k=1,\cdots,l} \bar{r}_{kji}] | r_{kji} \in C\}$$

$$X_t^-(\otimes) = \{[\min\limits_{k=1,\cdots,l} \underline{r}_{kji}, \min\limits_{k=1,\cdots,l} \bar{r}_{kji}] | r_{kjl} \in X, [\max\limits_{k=1,\cdots,l} \underline{r}_{kji}, \max\limits_{k=1,\cdots,l} \bar{r}_{kji}] | r_{kji} \in C\}$$

其中 X, C 分别表示效益型指标和成本型指标。

(3) 将规范化决策评价矩阵表示为简化形式的灰色决策矩阵。

(4) 分别计算与正、负理想矩阵的关联度值。

(5) 计算相对贴近度并进行排序。

6.4.5 案例分析

设有三家企业 A_1, A_2, A_3，其评价指标分别为：S_1：企业年产值（千万元），S_2：企业社会效益（千万元），S_3：环境效率。三个时间样本点分别为 2012～2014 年三年。对三家企业进行综合评价，三个时间序列决策矩阵如下：

$$X_{2012} = \begin{bmatrix} [2.7,2.8] \cup [3.0,3.2] & [3.3,4.0] & [0.2,0.5] \cup [0.6,1] \\ [2.5,2.6] \cup [2.7,3.0] & [3.5,3.9] \cup [4.4,4.5] & [0.3,0.4] \cup [0.6,0.8] \\ [2.9,3.2] \cup [3.4,3.7] & [2.6,3.5] \cup 3.7 & [0.4,0.5] \cup [0.6,0.75] \end{bmatrix}$$

$$X_{2013} = \begin{bmatrix} [2.4,2.5] \cup [3.0,3.5] & [2.9,3.3] \cup [3.7,4.0] & [0.2,0.4] \cup [0.6,0.75] \\ [2.8,2.9] \cup [3.1,3.3] & [3.3,3.6] \cup [3.7,3.9] & [0.3,0.4] \cup [0.6,0.8] \\ [2.5,2.7] \cup [2.9,3.0] & [2.7,3.0] \cup [3.3,3.5] & [0.2,0.3] \cup [0.5,0.65] \end{bmatrix}$$

$$X_{2014} = \begin{bmatrix} [2.8,3.0] \cup [3.2,3.3] & [3.3,3.5] \cup [4.0,4.5] & [0.2,0.35] \cup [0.5,0.7] \\ [2.3,2.5] \cup [2.6,2.9] & [2.5,2.6] \cup [3.3,4.0] & [0.3,0.45] \cup [0.5,0.65] \\ [2.4,2.7] \cup 3.1 & [2.3,2.4] \cup [3.0,3.4] & [0.2,0.4] \cup [0.5,0.7] \end{bmatrix}$$

（1）将决策矩阵进行规范化处理：

$$X'_{2012} = \begin{bmatrix} [0.73,0.757] \cup [0.818,0.865] & [0.733,0.889] & [0.2,0.333] \cup [0.4,1] \\ [0.676,0.703] \cup [0.73,0.811] & [0.778,0.867] \cup [0.978,1] & [0.267,0.333] \cup [0.5,0.667] \\ [0.784,0.866] \cup [0.919,1] & [0.578,0.778] \cup 0.822 & [0.267,0.333] \cup [0.4,0.5] \end{bmatrix}$$

$$X'_{2013} = \begin{bmatrix} [0.686,0.714] \cup [0.857,1] & [0.725,0.825] \cup [0.925,1] & [0.267,0.333] \cup [0.5,1] \\ [0.8,0.829] \cup [0.886,0.943] & [0.825,0.9] \cup [0.925,0.975] & [0.25,0.333] \cup [0.5,0.667] \\ [0.714,0.771] \cup [0.829,0.857] & [0.675,0.75] \cup [0.825,0.875] & [0.308,0.4] \cup [0.667,1] \end{bmatrix}$$

$$X'_{2014} = \begin{bmatrix} [0.848,0.909] \cup [0.97,1] & [0.733,0.778] \cup [0.889,1] & [0.286,0.4] \cup [0.571,1] \\ [0.697,0.758] \cup [0.788,0.879] & [0.556,0.578] \cup [0.733,0.889] & [0.308,0.4] \cup [0.444,0.667] \\ [0.727,0.818] \cup 0.939 & [0.511,0.533] \cup [0.667,0.756] & [0.286,0.4] \cup [0.5,1] \end{bmatrix}$$

（2）确定正、负理想方案时间矩阵：

$$X^+ = \begin{bmatrix} [0.919,1] & [0.978,1] & [0.2,0.333] \\ [0.886,1] & [0.925,1] & [0.25,0.333] \\ [0.97,1] & [0.889,1] & [0.286,0.4] \end{bmatrix}$$

$$X^- = \begin{bmatrix} [0.676,0.703] & [0.578,0.778] & [0.5,1] \\ [0.686,0.714] & [0.675,0.75] & [0.667,1] \\ [0.697,0.785] & [0.511,0.533] & [0.571,1] \end{bmatrix}$$

（3）将规范化决策矩阵和正、负理想方案矩阵表示为简化形式的决策矩阵：

$$X'_{2012} = \begin{bmatrix} 0.7435_{(0.027)} \bigcup 0.8415_{(0.047)} & 0.811_{(0.156)} & 0.2665_{(0.133)} \bigcup 0.7_{(0.6)} \\ 0.6895_{(0.036)} \bigcup 0.7705_{(0.081)} & 0.8225_{(0.089)} \bigcup 0.989_{(0.022)} & 0.3_{(0.066)} \bigcup 0.5835_{(0.167)} \\ 0.825_{(0.082)} \bigcup 0.9595_{(0.081)} & 0.678_{(0.2)} \bigcup 0.822 & 0.3_{(0.066)} \bigcup 0.45_{(0.1)} \end{bmatrix}$$

$$X'_{2013} = \begin{bmatrix} 0.7_{(0.028)} \bigcup 0.9285_{(0.143)} & 0.775_{(0.1)} \bigcup 0.9625_{(0.075)} & 0.3_{(0.066)} \bigcup 0.75_{(0.5)} \\ 0.8145_{(0.029)} \bigcup 0.9145_{(0.057)} & 0.8625_{(0.075)} \bigcup 0.95_{(0.05)} & 0.2915_{(0.083)} \bigcup 0.5835_{(0.167)} \\ 0.7425_{(0.057)} \bigcup 0.843_{(0.028)} & 0.7125_{(0.075)} \bigcup 0.85_{(0.05)} & 0.354_{(0.092)} \bigcup 0.8335_{(0.333)} \end{bmatrix}$$

$$X'_{2014} = \begin{bmatrix} 0.8785_{(0.061)} \bigcup 0.985_{(0.03)} & 0.7555_{(0.045)} \bigcup 0.9445_{(0.111)} & 0.343_{(0.114)} \bigcup 0.7855_{(0.429)} \\ 0.7275_{(0.061)} \bigcup 0.8335_{(0.091)} & 0.567_{(0.022)} \bigcup 0.811_{(0.156)} & 0.354_{(0.092)} \bigcup 0.5555_{(0.223)} \\ 0.7725_{(0.091)} \bigcup 0.939 & 0.522_{(0.022)} \bigcup 0.7115_{(0.089)} & 0.343_{(0.114)} \bigcup 0.75_{(0.5)} \end{bmatrix}$$

$$X^+ = \begin{bmatrix} 0.9595_{(0.081)} & 0.989_{(0.022)} & 0.2665_{(0.133)} \\ 0.943_{(0.114)} & 0.9625_{(0.075)} & 0.2915_{(0.083)} \\ 0.985_{(0.03)} & 0.9445_{(0.111)} & 0.343_{(0.114)} \end{bmatrix}, \quad X^- = \begin{bmatrix} 0.6895_{(0.027)} & 0.678_{(0.2)} & 0.75_{(0.5)} \\ 0.7_{(0.028)} & 0.7125_{(0.075)} & 0.8335_{(0.333)} \\ 0.741_{(0.094)} & 0.522_{(0.022)} & 0.7855_{(0.429)} \end{bmatrix}$$

（4）计算正理想方案与各样本的关联度。分别计算正理想方案与各样本之间的距离 $d_{+i}(m)$、关联系数 $\gamma_{+i}(g_t^{\ddagger}(m), g_t^{\pm}(m))$ 和关联度 γ_{+i}：

$$d_{+1}(1) = |g_t^{\ddagger}(1) - g_t^{\pm}(1)| = 0.243 + 0.245 + 0.667 = 1.155$$

$$d_{+1}(2) = |g_t^{\ddagger}(2) - g_t^{\pm}(2)| = 0.2925 + 0.147 + 0.334 = 0.7735$$

$$d_{+1}(3) = |g_t^{\ddagger}(3) - g_t^{\pm}(3)| = 0.186 + 0.311 + 0.333 = 0.83$$

类似可以计算

$$d_{+2}(1) = 1.206, \quad d_{+2}(2) = 0.605, \quad d_{+2}(3) = 0.9945$$

$$d_{+3}(1) = 1.003, \quad d_{+3}(2) = 0.998, \quad d_{+3}(3) = 1.31$$

根据定理 6.2 计算正理想方案与各样本的关联系数分别为

$$\gamma_{+1}(1) = 0.696, \quad \gamma_{+1}(2) = 0.882, \quad \gamma_{+1}(3) = 0.848$$

$$\gamma_{+2}(1) = 0.677, \quad \gamma_{+2}(2) = 1, \quad \gamma_{+2}(3) = 0.764$$

$$\gamma_{+3}(1) = 0.76, \quad \gamma_{+3}(2) = 0.762, \quad \gamma_{+3}(3) = 0.641$$

正理想方案与各样本的关联度值分别为

$$\gamma_{+1} = 0.809, \quad \gamma_{+2} = 0.814, \quad \gamma_{+3} = 0.721$$

故关联度排序为

$$\gamma_{+2} > \gamma_{+1} > \gamma_{+3}$$

即样本排序为 $A_2 > A_1 > A_3$。

(5) 计算与负理想方案的关联度。分别计算负理想方案与各样本之间的距离 $d_{-i}(m)$、关联系数 $\gamma_{-i}(g_-^{\pm}(m), g_t^{\pm}(m))$ 和关联度 γ_{-i}。计算方法类似于第 (4) 步。

$$d_{-1}(1) = 0.984, \quad d_{-1}(2) = 1.067, \quad d_{-1}(3) = 1.203$$
$$d_{-2}(1) = 1.2975, \quad d_{-2}(2) = 1.146, \quad d_{-2}(3) = 1.131$$
$$d_{-3}(1) = 1.208, \quad d_{-3}(2) = 0.937, \quad d_{-3}(3) = 1.068$$

根据定理 6.2 计算负理想方案与各样本的关联系数分别为

$$\gamma_{-1}(1) = 0.971, \quad \gamma_{-1}(2) = 0.924, \quad \gamma_{-1}(3) = 0.856$$
$$\gamma_{-2}(1) = 0.815, \quad \gamma_{-2}(2) = 0.884, \quad \gamma_{-2}(3) = 0.891$$
$$\gamma_{-3}(1) = 0.854, \quad \gamma_{-3}(2) = 1, \quad \gamma_{-3}(3) = 0.924$$

负理想方案与各样本的关联度值分别为

$$\gamma_{-1} = 0.917, \quad \gamma_{-2} = 0.863, \quad \gamma_{-3} = 0.926$$

故关联度排序为

$$\gamma_{-3} > \gamma_{-1} > \gamma_{-2}$$

即样本排序为 $A_2 > A_1 > A_3$。

(6) 计算各样本相对贴近度值。依照相对贴近度公式 $\delta_i = \dfrac{\gamma_{+i}}{\gamma_{+i} + \gamma_{-i}}$ 计算如下：

$$\delta_1 = \frac{\gamma_{+1}}{\gamma_{+1} + \gamma_{-1}} = 0.469, \quad \delta_2 = \frac{\gamma_{+2}}{\gamma_{+2} + \gamma_{-2}} = 0.485, \quad \delta_3 = \frac{\gamma_{+3}}{\gamma_{+3} + \gamma_{-3}} = 0.438$$

依照相对贴近度的方案排序为 $A_2 > A_1 > A_3$。

通过以上的结论可以看出，不论是依据与正理想方案的关联度、与负理想方案的关联度，还是依据相对贴近度的排序，其结果都是完全一致的。

6.4.6 结语

为了克服区间灰数表征复杂不确定信息的缺失，本节利用一般灰数表征复杂不确定信息，解决了决策信息不能够被充分精确表征的问题。此外，本节基于灰色关联度构建的基本思想，将邓式关联度模型推广到灰色面板数据的情形，在此基础上构建了基于灰色面板数据的多指标动态决策评价的关联度方法，从而拓展了灰色关联分析理论的应用范围，丰富了灰色关联度理论。

6.5　本　章　小　结

考虑到现实中决策信息越来越复杂、越来越不确定,而现有的灰色关联决策很少涉及灰色面板数据的问题,本章根据关联度模型构建的基本思想,将邓式关联度模型、一般灰色关联度模型推广到灰色面板数据的情形,分别构建了基于灰色面板数据关联度模型和多指标动态决策评价的关联度方法及基于一般灰数的灰色面板数据之间的接近性和相似性灰色关联度分析模型,且通过两条折线之间的斜率和所夹的面积来测度其相似性和接近性。另外,在本章的基础上,可以进一步研究各指标权重的确定方法、n 维空间的决策模型构建方法以及高维场数据的决策模型的构建方法。最后通过算例验证了该模型的有效性和合理性。

第 7 章　基于一般灰数的灰色动态关联决策模型研究

7.1　灰色动态关联决策的基本概念与模型

7.1.1　灰色动态关联决策的基本理论

灰色动态决策根据决策方案的动态发展趋势或未来行为对决策备选方案进行选择。该决策并不特别看重某一决策方案在当前的决策效果,而更加注重随着时间推移决策方案的效果变化情况。动态关联决策是从动态的时间角度判别决策方案的效果向量与最优效果向量的关联度,它是评价方案优劣的一个重要准则。

定义 7.1[113]　设 $S=\{s_{ij}=(a_i,b_j)\,|\,a_i\in A,b_j\in B\}$ 为决策方案集, $a_{i_0j_0}=\{a_{i_0j_0}^{(1)},a_{i_0j_0}^{(2)},\cdots,a_{i_0j_0}^{(s)}\}$ 为最优效果向量,若 $a_{i_0j_0}$ 所对应的决策方案 $a_{i_0j_0}\notin S$,则称 $a_{i_0j_0}$ 为理想最优效果向量;相应地, $S_{i_0j_0}$ 称为理想最优决策方案。

命题 7.1[113]　设 $S=\{s_{ij}=(a_i,b_j)\,|\,a_i\in A,b_j\in B\}$ 为决策方案集,决策方案 s_{ij} 对应的效果向量为 $a_{i_0j_0}=\{a_{i_0j_0}^{(1)},a_{i_0j_0}^{(2)},\cdots,a_{i_0j_0}^{(s)}\}(i=1,2,\cdots,n;j=1,2,\cdots,m)$。

(1) 当目标 k 为效果值越大越好的目标时,取 $a_{i_0j_0}^{(k)}=\max\limits_{1\leqslant i\leqslant n,1\leqslant j\leqslant m}\{a_{ij}^{(k)}\}$;

(2) 当目标 k 为效果值越接近某一适中值 a_0 越好的目标时,取 $a_{i_0j_0}=a_0$;

(3) 当目标 k 为效果值越小越好的目标时,取 $a_{i_0j_0}^{(k)}=\min\limits_{1\leqslant i\leqslant n,1\leqslant j\leqslant m}\{a_{ij}^{(k)}\}$,则

$a_{i_0 j_0} = \{a_{i_0 j_0}^{(1)}, a_{i_0 j_0}^{(2)}, \cdots, a_{i_0 j_0}^{(s)}\}$ 为理想最优效果向量。

命题 7.2[113]　设 $S = \{s_{ij} = (a_i, b_j) \mid a_i \in A, b_i \in B\}$ 为决策方案集,决策方案 s_{ij} 对应的效果向量为 $a_{ij} = \{a_{ij}^{(1)}, a_{ij}^{(2)}, \cdots, a_{ij}^{(s)}\}$ $(i = 1, 2, \cdots, n; j = 1, 2, \cdots, m)$, $a_{i_0 j_0} = \{a_{i_0 j_0}^{(1)}, a_{i_0 j_0}^{(2)}, \cdots, a_{i_0 j_0}^{(s)}\}$ 为理想最优效果向量, ε_{ij} $(i = 1, 2, \cdots, n; j = 1, 2, \cdots, m)$ 为 a_{ij} 与 $a_{i_0 j_0}$ 的灰色绝对关联度, $\varepsilon_{i_1 j_1}$ 满足对任意 $i \in \{1, 2, \cdots, n\}$ 且 $i \neq i_1$ 和任意 $j \in \{1, 2, \cdots, m\}$ 且 $j \neq j_1$,恒有 $\varepsilon_{i_1 j_1} \geqslant \varepsilon_{ij}$,则 $a_{i_1 j_1}$ 为次优效果向量,对应的 $s_{i_1 j_1}$ 为次优决策方案。

定义 7.2　设 $A = \{a_1, a_2, \cdots, a_n\}$ 为事件集, $B = \{b_1, b_2, \cdots, b_m\}$ 为对策集,决策方案集为 $S = \{s_{ij} = (a_i, b_j) \mid a_i \in A, b_i \in B\}$,则称 $u_{ij}^k = (u_{ij}^{(k)}(1), u_{ij}^{(k)}(2), \cdots, u_{ij}^{(k)}(h))$ 为决策方案集 s_{ij} 在 k 目标下的效果事件序列。

在此之前,讨论的是关于某一时刻静止的决策方案,在定义 7.2 中,则是随着时间的推移,决策方案效果不断变化。

命题 7.3[113]　设 $u_{ij}^k = (u_{ij}^{(k)}(1), u_{ij}^{(k)}(2), \cdots, u_{ij}^{(k)}(h))$ 为决策方案集 s_{ij} 在 k 目标下的效果事件序列, $\widehat{a}_{ij}^{(k)} = [a_{ij}^{(k)}, b_{ij}^{(k)}]^{\mathrm{T}}$ 为 $u_{ij}^{(k)}$ 在 GM(1,1)模型参数的最小二乘估计,则 $u_{ij}^{(k)}$ 的 GM(1,1)的时间响应累减还原式为

$$\widehat{u}_{ij}^{(k)}(l+1) = [1 - \exp(a_{ij}^{(k)})] \cdot \left[u_{ij}^{(k)}(1) - \frac{b_{ij}^{(k)}}{a_{ij}^{(k)}}\right] \exp(-a_{ij}^{(k)} \cdot l)$$

定义 7.3　设在 k 目标下对应决策方案 s_{ij} 的效果事件序列 $u_{ij}^{(k)}$ 的 GM(1,1)的时间响应累减还原式为

$$\widehat{u}_{ij}^{(k)}(l+1) = [1 - \exp(a_{ij}^{(k)})] \cdot \left[u_{ij}^{(k)}(1) - \frac{b_{ij}^{(k)}}{a_{ij}^{(k)}}\right] \exp(-a_{ij}^{(k)} \cdot l)$$

(1) 当 k 目标为效果值越大越好的目标时,若

① $\max\limits_{1 \leqslant i \leqslant n, 1 \leqslant j \leqslant m} \{-a_{ij}^{(k)}\} = -a_{i_0 j_0}^{(k)}$,则称 $s_{i_0 j_0}$ 为 k 目标下的发展系数最优决策方案。

② $\max\limits_{1 \leqslant i \leqslant n, 1 \leqslant j \leqslant m} \{\widehat{u}_{ij}^{(k)}(h+l)\} = \widehat{u}_{i_0 j_0}^{(k)}(h+l)$,则称 $s_{i_0 j_0}$ 为 k 目标下的预测最优决策方案。

(2) 当 k 目标为效果值越小越好的目标时,若

① $\min\limits_{1 \leqslant i \leqslant n, 1 \leqslant j \leqslant m} \{-a_{ij}^{(k)}\} = -a_{i_0 j_0}^{(k)}$,则称 $s_{i_0 j_0}$ 为 k 目标下的发展系数最优决策方案。

② $\min\limits_{1 \leqslant i \leqslant n, 1 \leqslant j \leqslant m} \{\widehat{u}_{ij}^{(k)}(h+l)\} = \widehat{u}_{i_0 j_0}^{(k)}(h+l)$,则称 $s_{i_0 j_0}$ 为 k 目标下的预测最优决策方案。

（3）当 k 目标为效果值适中的目标时，若

① 设适中值为 a_0 时，令 $a_0 = -a_{i_0 j_0}^{(k)}$，当 $\min\limits_{1 \leqslant i \leqslant n, 1 \leqslant j \leqslant m} |a_0 - a_{ij}|$ 时，则称 $s_{i_0 j_0}$ 为 k 目标下的发展系数最优决策方案。

② 设适中值为 u_0 时，令 $u_0 = u_{i_0 j_0}^{(k)}$，当 $\min\limits_{1 \leqslant i \leqslant n, 1 \leqslant j \leqslant m} |u_0 - u_{ij}|$ 时，则称 $s_{i_0 j_0}$ 为 k 目标下的预测最优决策方案。

7.1.2　多阶段灰色动态关联决策模型构建

定义 7.4　设 $u_{ij}^k = (u_{ij}^{(k)}(1), u_{ij}^{(k)}(2), \cdots, u_{ij}^{(k)}(h))$ 为决策方案集 s_{ij} 在 k 目标下的效果事件序列，$\widehat{a}_{ij}^{(k)} = [a_{ij}^{(k)}, b_{ij}^{(k)}]^{\mathrm{T}}$ 为 $u_{ij}^{(k)}$ 在 GM(1,1) 模型参数的最小二乘估计，$\widehat{u}_{ij}^{(k)}(l+1)$ 是 GM(1,1) 模型的累减还原响应式（预测值）。当 $l=1,2,\cdots,h_0$ 表示预测了 h_0 步，则在 k 目标下取预测最优决策效果，记为 $\widetilde{u}_{ij}^{(k)}$，称矩阵

$$\widetilde{A} = \begin{bmatrix} \widetilde{u}_{11}^{(1)} & \widetilde{u}_{11}^{(2)} & \cdots & \widetilde{u}_{11}^{(n)} \\ \widetilde{u}_{12}^{(1)} & \widetilde{u}_{12}^{(2)} & \cdots & \widetilde{u}_{12}^{(n)} \\ \vdots & \vdots & & \vdots \\ \widetilde{u}_{1m}^{(1)} & \widetilde{u}_{1m}^{(2)} & \cdots & \widetilde{u}_{1m}^{(n)} \end{bmatrix}$$

为动态效果决策矩阵；称

$$A = \begin{bmatrix} u_{11}^{(1)} & u_{11}^{(2)} & \cdots & u_{11}^{(n)} \\ u_{12}^{(1)} & u_{12}^{(2)} & \cdots & u_{12}^{(n)} \\ \vdots & \vdots & & \vdots \\ u_{1m}^{(1)} & u_{1m}^{(2)} & \cdots & u_{1m}^{(n)} \end{bmatrix}$$

为静态效果决策矩阵。

定义 7.5　设 $S = \{s_{ij} = (a_i, b_j) \mid a_i \in A, b_j \in B\}$ 为决策方案集，决策方案 s_{ij} 对应的预测最优效果向量为 $\widetilde{u}_{i_0 j_0} = \{\widetilde{u}_{i_0 j_0}^{(1)}, \widetilde{u}_{i_0 j_0}^{(2)}, \cdots, \widetilde{u}_{i_0 j_0}^{(s)}\}$ $(i=1,2,\cdots,n; j=1, 2,\cdots,m)$，则

（1）当目标 k 为效果值越大越好的目标时，取 $\widetilde{u}_{i_0 j_0}^{(k)} = \max\limits_{1 \leqslant i \leqslant n, 1 \leqslant j \leqslant m} \{\widetilde{u}_{ij}^{(k)}\}$；

（2）当目标 k 为效果值越接近某一适中值 a_0 越好的目标时，取 $\widetilde{u}_{i_0 j_0} = \widetilde{u}_0$；

（3）当目标 k 为效果值越小越好的目标时，取 $\widetilde{u}_{i_0 j_0}^{(k)} = \min\limits_{1 \leqslant i \leqslant n, 1 \leqslant j \leqslant m} \{\widetilde{u}_{ij}^{(k)}\}$，

其中，$\widetilde{u}_{i_0 j_0} = \{\widetilde{u}_{i_0 j_0}^{(1)}, \widetilde{u}_{i_0 j_0}^{(2)}, \cdots, \widetilde{u}_{i_0 j_0}^{(n)}\}$ 为动态理想预测最优效果向量。

类似地，可以定义 $u_{i_0 j_0} = \{u_{i_0 j_0}^{(1)}, u_{i_0 j_0}^{(2)}, \cdots, u_{i_0 j_0}^{(n)}\}$ 为静态理想预测最优效果向量。

定理 7.1　设 $u_{i_0j_0}^{(0)}=\{u_{i_0j_0}^{0(1)},u_{i_0j_0}^{0(2)},\cdots,u_{i_0j_0}^{0(n)}\}$ 与 $u_{ij}^{(0)}=\{u_{ij}^{0(1)},u_{ij}^{0(2)},\cdots,u_{ij}^{0(n)}\}$ 分别为 $u_{i_0j_0}=\{u_{i_0j_0}^{(1)},u_{i_0j_0}^{(2)},\cdots,u_{i_0j_0}^{(n)}\}$ 与 $u_{ij}=\{u_{ij}^{(1)},u_{ij}^{(2)},\cdots,u_{ij}^{(n)}\}$ 的始点零化像,则

$$|s_0|=\left|\sum_{k=2}^{n-1}u_{i_0j_0}^{0(k)}+\frac{1}{2}u_{i_0j_0}^{0(n)}\right|,\quad |s_i|=\left|\sum_{k=2}^{n-1}u_{ij}^{0(k)}+\frac{1}{2}u_{ij}^{0(n)}\right|$$

$$|s_i-s_0|=\left|\sum_{k=2}^{n-1}(u_{ij}^{0(k)}-u_{i_0j_0}^{0(k)})+\frac{1}{2}(u_{ij}^{0(n)}-u_{i_0j_0}^{0(n)})\right|$$

定义 7.6　称

$$\varepsilon_{i_0j_0}=\frac{1+|s_0|+|s_i|}{1+|s_0|+|s_i|+|s_i-s_0|}$$

为静态绝对关联度。其中,$\varepsilon_{i_0j_0}$ 为静态理想最优效果向量 $u_{i_0j_0}$ 与静态效果决策矩阵 A 每行的灰色绝对关联度的值。

类似地,称 $r_{i_0j_0}=\dfrac{1+|s_0'|+|s_i'|}{1+|s_0'|+|s_i'|+|s_i'-s_0'|}$ 为静态相对关联度。

定理 7.2　设 $\tilde{u}_{i_0j_0}^{(0)}=\{\tilde{u}_{i_0j_0}^{0(1)},\tilde{u}_{i_0j_0}^{0(2)},\cdots,\tilde{u}_{i_0j_0}^{0(n)}\}$ 与 $u_{ij}^{(0)}=\{u_{ij}^{0(1)},u_{ij}^{0(2)},\cdots,u_{ij}^{0(n)}\}$ 分别为 $\tilde{u}_{i_0j_0}=\{\tilde{u}_{i_0j_0}^{(1)},\tilde{u}_{i_0j_0}^{(2)},\cdots,\tilde{u}_{i_0j_0}^{(n)}\}$ 与 $u_{ij}=\{u_{ij}^{(1)},u_{ij}^{(2)},\cdots,u_{ij}^{(n)}\}$ 的始点零化像,则

$$|\tilde{s}_0|=\left|\sum_{k=2}^{n-1}\tilde{u}_{i_0j_0}^{0(k)}+\frac{1}{2}\tilde{u}_{i_0j_0}^{0(n)}\right|,\quad |s_i|=\left|\sum_{k=2}^{n-1}u_{ij}^{0(k)}+\frac{1}{2}u_{ij}^{0(n)}\right|$$

$$|s_i-\tilde{s}_0|=\left|\sum_{k=2}^{n-1}(u_{ij}^{0(k)}-\tilde{u}_{i_0j_0}^{0(k)})+\frac{1}{2}(u_{ij}^{0(n)}-\tilde{u}_{i_0j_0}^{0(n)})\right|$$

定义 7.7　称

$$\bar{\varepsilon}_{i_0j_0}=\frac{1+|\tilde{s}_0|+|s_i|}{1+|\tilde{s}_0|+|s_i|+|s_i-\tilde{s}_0|}$$

为半动态绝对关联度。其中,$\bar{\varepsilon}_{i_0j_0}$ 为动态理想最优效果向量 $\tilde{u}_{i_0j_0}$ 与静态效果决策矩阵 A 每行的灰色绝对关联度的值。

类似地,称 $\bar{r}_{i_0j_0}=\dfrac{1+|\tilde{s}_0'|+|s_i'|}{1+|\tilde{s}_0'|+|s_i'|+|s_i'-\tilde{s}_0'|}$ 为半动态相对关联度。

定理 7.3　设 $\tilde{u}_{i_0j_0}^{(0)}=\{\tilde{u}_{i_0j_0}^{0(1)},\tilde{u}_{i_0j_0}^{0(2)},\cdots,\tilde{u}_{i_0j_0}^{0(n)}\}$ 与 $\tilde{u}_{ij}^{(0)}=\{\tilde{u}_{ij}^{0(1)},\tilde{u}_{ij}^{0(2)},\cdots,\tilde{u}_{ij}^{0(n)}\}$ 分别为 $\tilde{u}_{i_0j_0}=\{\tilde{u}_{i_0j_0}^{(1)},\tilde{u}_{i_0j_0}^{(2)},\cdots,\tilde{u}_{i_0j_0}^{(n)}\}$ 与 $\tilde{u}_{ij}=\{\tilde{u}_{ij}^{(1)},\tilde{u}_{ij}^{(2)},\cdots,\tilde{u}_{ij}^{(n)}\}$ 的始点零化像,则

$$|\tilde{s}_0|=\left|\sum_{k=2}^{n-1}\tilde{u}_{i_0j_0}^{0(k)}+\frac{1}{2}\tilde{u}_{i_0j_0}^{0(n)}\right|,\quad |\tilde{s}_i|=\left|\sum_{k=2}^{n-1}\tilde{u}_{ij}^{0(k)}+\frac{1}{2}\tilde{u}_{ij}^{0(n)}\right|$$

$$|\tilde{s}_i-\tilde{s}_0|=\left|\sum_{k=2}^{n-1}(\tilde{u}_{ij}^{0(k)}-\tilde{u}_{i_0j_0}^{0(k)})+\frac{1}{2}(\tilde{u}_{ij}^{0(n)}-\tilde{u}_{i_0j_0}^{0(n)})\right|$$

定义 7.8　称

$$\tilde{\varepsilon}_{i_0 j_0} = \frac{1 + |\tilde{s}_0| + |\tilde{s}_i|}{1 + |\tilde{s}_0| + |\tilde{s}_i| + |\tilde{s}_i - \tilde{s}_0|}$$

为动态绝对关联度。其中,$\tilde{\varepsilon}_{i_0 j_0}$ 为动态理想最优效果向量 $\tilde{u}_{i_0 j_0}$ 与动态效果决策矩阵 $\tilde{A}$ 每行的灰色绝对关联度的值。

类似地,称 $\tilde{r}_{i_0 j_0} = \dfrac{1 + |\tilde{s}_0'| + |\tilde{s}_i'|}{1 + |\tilde{s}_0'| + |\tilde{s}_i'| + |\tilde{s}_i' - \tilde{s}_0'|}$ 为动态相对关联度。

特别地,当决策信息为一般灰数时,以上引理、定义、定理都做相应的变化,具体参见第 5 章定义 5.2、定义 5.3、引理 5.1、定理 5.2、定理 5.3,在此不再赘述。

定义 7.9   称 $\varepsilon = \mu_1 \cdot \varepsilon_{i_0 j_0} + \mu_2 \cdot \bar{\varepsilon}_{i_0 j_0} + \mu_3 \cdot \tilde{\varepsilon}_{i_0 j_0}$(其中 μ_1, μ_2, μ_3 为优先系数)为三阶段绝对关联度;$r = \gamma_1 \cdot r_{i_0 j_0} + \gamma_2 \cdot \bar{r}_{i_0 j_0} + \gamma_3 \cdot \tilde{r}_{i_0 j_0}$(其中 $\gamma_1, \gamma_2, \gamma_3$ 为优先系数)为三阶段相对关联度;称 $\rho = \varepsilon + r$ 为三阶段综合关联度。

7.1.3   基于一般灰数的多阶段灰色动态关联决策步骤

基于一般灰数的多阶段灰色动态关联决策步骤如下:

(1) 按照一般灰数定义 2.3 和定义 2.4 将一般灰数化为其简化形式 $\hat{g}_{(g^\circ)}$。

(2) 构建决策方案集 s_{ij} 在 k 目标下的 $u_{ij}^k = (u_{ij}^{(k)}(1), u_{ij}^{(k)}(2), \cdots, u_{ij}^{(k)}(h))$ 为效果事件序列。

(3) 构建 A 和 $\tilde{A}$ 并计算在 k 目标下的预测最优决策效果向量 $\tilde{u}_{ij}^{(k)}$ 和发展系数 $-a_{i_0 j_0}^{(k)}$。

(4) 按定理 7.1 和定理 7.2 分别计算静态、半动态和动态绝对关联度 $\varepsilon_{i_0 j_0}$,$\bar{\varepsilon}_{i_0 j_0}$,$\tilde{\varepsilon}_{i_0 j_0}$ 和静态、半动态和动态相对关联度 $r_{i_0 j_0}$,$\bar{r}_{i_0 j_0}$,$\tilde{r}_{i_0 j_0}$。

(5) 分别计算三阶段绝对关联度 ε、相对关联度 r 及综合关联度 ρ,并按三阶段关联度对方案进行排序。

为了提高多阶段动态关联决策的精准度,最关键的一步是要提高动态预测的精度,提高了预测精度也就是改善了动态效果决策矩阵和动态最优预测效果向量。为此,将从背景值优化和灰色模型本身两个方面多模型进行改进,以期克服短期预测的缺点,适应中长期预测以及提高其预测精度,进而改善动态决策矩阵和动态最优效果向量。

7.2　基于一般灰数的多阶段灰色动态关联决策模型改进

7.2.1　基于复化梯形公式的背景值优化模型研究

灰色预测是灰色系统理论的主要内容之一,灰色预测模型是灰色动态关联决策的核心内容,其中 GM(1,1)模型又是灰色预测的核心内容,它主要是通过一阶微分方程的模型来揭示其内部规律的。[39]但是许多学者在应用 GM(1,1)模型的过程中,发现模型预测精度不稳定,并做了很多的研究。文献[145]～[146]阐述了 GM(1,1)模型预测误差大是由背景值构造方法不恰当造成的,同时给出了背景值构造的新方法。文献[147]给出了一种基于数值分析的 Newton-Cotes 的背景值公式。但是由于当 n 较大时,高次插值会出现 Runge 现象,故造成误差较大。文献[148]给出了一种基于二次插值的背景值计算方法,该方法虽然不会出现Runge 现象,但是其预测精度难以保证。文献[149]根据一次累加具有灰色指数规律,并利用齐次指数拟合灰色指数序列,然后对其积分,将积分值作为背景值。该法不足之处在于一次累加序列并不一定都是齐次序列。文献[150]～[151]利用一次累加生成序列的准指数规律,将其准指数设成非齐次指数形式,通过变换求出准指数函数中的常数,用该准指数函数积分值作为背景值。文献[152]提出了一种利用梯形面积近似背景值时产生的正误差去补偿利用矩形面积近似背景值时产生的负误差的背景值重构方法。该方法对如何取 n_1 个小梯形不好把握,因此预测准确性不稳定。文献[153]利用预估-校正技术,根据一次累加生成序列呈指数增长的特点构造新的插值函数,从而改善了 GM(1,1)的背景值。文献[154]～[156]也提出了对背景值的改进措施。从以上研究可以看出对背景值的优化主要方法有:一是插值,即利用插值多项式的方法改进背景值;二是拟合,即假定对原始数据进行 1-AGO 后其具有(非)齐次指数函数规律,接着,通过变换求出(非)齐次指数函数中的系数,最后,对 1-AGO 后(非)齐次指数函数进行积分运算,其积分值作为优化的背景值。其中,基于数值分析的插值方法的主要缺陷是多项式次数的选择不易处理,同时它的预测精度也不能保证;基于(非)齐次指数拟合 1-AGO 的序列 $x^{(1)}(k)$ 方法的主要缺陷是预测精度提高不明显。因此,在许多学者的研究基础上,利用原始数据通过 1-AGO 累加具有非齐次灰色指数规律的特点,构建动态序列模型,该模型中的变量可以取实数,克服以往研究中变量只取正整数的缺陷。从积分的几何意义的视角,利用函数逼近的思想并结合复化梯形公式去改进其背景值,以提高 GM(1,1) 模型的预测精度。算例说明改进的背景值公式确实能够提高 GM(1,1) 预测的精度。因此,该背景值公式具有一定的理论意义和实践意义。

7.2.2 传统灰色模型的建模机理及其误差分析

7.2.2.1 传统灰色 GM(1,1) 模型的建模机理

定义 7.10[39]   灰色 GM(1,1) 预测模型中,已知原始序列

$$X^{(0)} = \{x^{(0)}(1), x^{(0)}(2), \cdots, x^{(0)}(n)\}, \quad x^{(0)}(i) > 0 \quad (i = 1, 2, \cdots, n)$$

则其一次累加序列(1-AGO)为

$$X^{(1)} = \{x^{(1)}(1), x^{(1)}(2), \cdots, x^{(1)}(n)\}$$

其中

$$x^{(1)}(k) = \sum_{i=1}^{k} x^{(0)}(i) \quad (i = 1, 2, \cdots, n)$$

称

$$x^{(0)}(k) + ax^{(1)}(k) = b \tag{7.1}$$

为 GM(1,1) 的原始形式。

定义 7.11 $X^{(0)}, X^{(1)}$ 如定义 7.10 所示,令 $Z^{(1)} = (z^{(1)}(1), z^{(1)}(2), \cdots, z^{(1)}(n))$,其中,$z^{(1)}(k) = \frac{1}{2}(x^{(1)}(k) + x^{(1)}(k-1))$,则称

$$x^{(0)}(k) + az^{(1)}(k) = b \tag{7.2}$$

为 GM(1,1) 模型的基本形式。

定理 7.4[32]   若参数列 $\hat{a} = [a, b]^{\mathrm{T}}$ 且

$$Y = \begin{bmatrix} x^{(0)}(2) \\ x^{(0)}(3) \\ \vdots \\ x^{(0)}(n) \end{bmatrix}, \quad B = \begin{bmatrix} -z^{(1)}(2) & 1 \\ -z^{(1)}(3) & 1 \\ \vdots & \vdots \\ -z^{(1)}(n) & 1 \end{bmatrix}$$

则 GM$(1,1)$ 模型 $x^{(0)}(k) + az^{(1)}(k) = b$ 的最小二乘估计参数列满足 $\hat{a} = (B^{\mathrm{T}}B)^{-1}B^{\mathrm{T}}Y$。

GM$(1,1)$ 模型 $x^{(0)}(k) + az^{(1)}(k) = b$ 的时间响应序列为

$$\hat{X}^{(1)}(k+1) = \left(x^{(0)}(1) - \frac{b}{a}\right)e^{-ak} + \frac{b}{a} \quad (k = 1,2,\cdots,n) \tag{7.3}$$

其还原值为

$$\hat{X}^{(0)}(k+1) = \hat{x}^{(1)}(k+1) - \hat{x}^{(1)}(k)$$

$$= (1 - e^{a})\left(x^{(0)}(1) - \frac{b}{a}\right)e^{-ak} \quad (k = 1,2,\cdots,n) \tag{7.4}$$

从式(7.4)可以看出，GM$(1,1)$ 模型的模拟预测精度取决于参数 a,b 的值，而参数 a,b 的值又取决于 $z^{(1)}(k)$ 的求解。$z^{(1)}(k)$ 就是所称的背景值，由此可见，背景值确实是影响 GM$(1,1)$ 模型预测精度很重要的一个方面。

7.2.2.2　传统灰色 GM$(1,1)$ 模型的误差分析

由式(7.2)得白化微分方程为

$$\frac{\mathrm{d}x^{(1)}(t)}{\mathrm{d}t} + ax^{(1)}(t) = b \tag{7.5}$$

对式(7.5)在 $[k-1,k]$ 上积分得

$$x^{(0)}(k) + a\int_{k-1}^{k} x^{(1)}(t)\mathrm{d}t = b \tag{7.6}$$

将式(7.6)与式(7.2)进行比较得

$$z^{(1)}(k) = \int_{k-1}^{k} x^{(1)}(t)\mathrm{d}t \tag{7.7}$$

传统的背景值是梯形的面积，而实际值应该等于曲线 $x^{(1)}(t)$ 在区间 $[k-1,k]$ 上与 t 轴所围成的曲边梯形的面积 $\int_{k-1}^{k} x^{(1)}(t)\mathrm{d}t$。两面积之差即为传统的背景值计算公式的误差的来源。[157]

7.2.3　GM$(1,1)$ 模型背景值优化方法研究

7.2.3.1　背景值优化的方法

对背景值优化是从积分的几何意义去考虑的，在区间 $[k-1,k]$ 上不断地进

行插入分点,利用函数逼近的思想,最后求出曲边梯形的面积。此处用多项式进行逼近,采取分段低次插值,低次插值多项式的次数 $n \in [2,4]$,一般取 2 次多项式。因为高次多项式 $L_n(x)$ 次数越高,则对被积函数光滑度的要求也越高,同时当 $n \to \infty$ 时,$L_n(x)$ 也不一定收敛到 $f(x)$。而积分区间越小,求积分误差越小。因此,利用梯形公式,构造相应的求积公式,然后再将所有小区间上的积分加起来,就可以得到整个区间 $[k-1,k]$ 上的求积公式(图 7.1)。根据其他学者研究的思路,虽然 1-AGO 序列呈非齐次指数形式,但是并不认为所有的点就在某一条指数曲线上,这条曲线也只是一条近似曲线。因此,将这条曲线作为构造小区间端点值的一个动态序列模型,由这个序列模型求出每个小区间端点值,然后利用复化求积公式计算出优化的背景值。

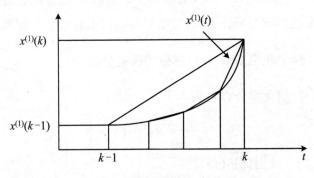

图 7.1　面积逼近示意图

定义 7.12[157]　记 $[k-1,k]=[a,b]$,首先把区间 $[a,b]$ 分成 n 等分,节点为 $x_k=a+k \cdot h$,其中 $k=0,1,2,\cdots,n;h=\dfrac{a-b}{n}$。在每个小区间 $[x_k,x_{k+1}]$ 上采用数值积分中的梯形公式,于是得到

$$I=\int_a^b f(x)\mathrm{d}x - \sum_{k=0}^{n-1}\int_{x_k}^{x_{k+1}} f(x)\mathrm{d}x \approx \sum_{k=0}^{n-1}\frac{x_{k+1}+x_k}{2}(f(x_k)+f(x_{k+1}))$$

$$=\frac{h}{2}\Big[f(a)+f(b)+2\sum_{k=1}^{n-1}f(a+k \cdot h)\Big]=T_n$$

其中,称 T_n 为复化梯形求积公式,下标 n 表示将区间 n 等分,若把区间 $2n$ 等分,在每个区间上仍用梯形公式,则可以得到定理 7.5。

定理 7.5　对复化梯形公式 T_n,若将区间 $2n$ 等分得到 T_{2n},则 T_n 与 T_{2n} 之间有如下关系:

$$T_{2n}=\frac{1}{2}(T_n+H_n)$$

其中，$H_n = h \cdot \sum\limits_{k=1}^{n} f\left(a + (2k-1)\dfrac{b-a}{2n}\right)$。

证明

$$T_{2n} = \frac{h}{4} \cdot \sum_{k=1}^{n-1} \left[f(x_k) + 2f(x_{k+\frac{1}{2}}) + f(x_{k+1}) \right] = \frac{1}{2}T_n + \frac{h}{2} \cdot \sum_{k=1}^{n-1} f(x_{k+\frac{1}{2}})$$

$$= \frac{1}{2}(T_n + H_n)$$

其中，$H_n = h \cdot \sum\limits_{k=1}^{n} f\left(a + (2k-1)\dfrac{b-a}{2n}\right)$。

定理 7.5 本质上给出了一个良好的 T_n 与 T_{2n} 之间的递推关系，通过这个递推关系，可以方便计算机编程，理论上能够实现在计算机上求解 T_n，T_{2n} 的值。

定理 7.6　设 $X^{(0)} = \{x^{(0)}(1), x^{(0)}(2), \cdots, x^{(0)}(n)\}$，$x^{(0)}(i) > 0 (i=1,2,\cdots,n)$ 为原始序列，并设其 1-AGO 累加序列为 $x^{(1)}(k) = Ae^{\alpha(k-1)} + B$，则有

$$\alpha = \ln \frac{x^{(0)}(k)}{x^{(0)}(k-1)}$$

$$A = \frac{x^{(0)}(k)}{\left[\dfrac{x^{(0)}(k)}{x^{(0)}(k-1)}\right]^{k-1} \cdot \left[1 - \dfrac{x^{(0)}(k-1)}{x^{(0)}(k)}\right]}$$

$$B = x^{(0)}(k_1) - A = x^{(0)}(k_1) - \frac{x^{(0)}(k)}{\left[\dfrac{x^{(0)}(k)}{x^{(0)}(k-1)}\right]^{k-1} \cdot \left[1 - \dfrac{x^{(0)}(k-1)}{x^{(0)}(k)}\right]}$$

我们称 $x^{(1)}(t) = Ae^{\alpha(t-1)} + B (t \geqslant 1)$ 为 1-AGO 动态序列预测模型。

证明　因为

$$x^{(0)}(k) = x^{(1)}(k) - x^{(1)}(k-1) = Ae^{\alpha(k-1)} - Ae^{\alpha(k-2)}$$

$$= Ae^{\alpha(k-1)}(1 - e^{-\alpha}) \tag{7.8}$$

所以

$$\frac{x^{(0)}(k)}{x^{(0)}(k-1)} = \frac{Ae^{\alpha(k-1)}(1 - e^{-\alpha})}{Ae^{\alpha(k-2)}(1 - e^{-\alpha})} = e^{\alpha} \tag{7.9}$$

对式(7.9)两边取对数得到

$$\alpha = \ln \frac{x^{(0)}(k)}{x^{(0)}(k-1)} \tag{7.10}$$

由式(7.8)得

$$A = \frac{x^{(0)}(k)}{e^{\alpha(k-1)}(1 - e^{-\alpha})} = \frac{x^{(0)}(k)}{e^{(k-1)\cdot\ln\left[\frac{x^{(0)}(k)}{x^{(0)}(k-1)}\right]} \cdot \left(1 - e^{\ln\frac{x^{(0)}(k-1)}{x^{(0)}(k)}}\right)}$$

$$= \frac{x^{(0)}(k)}{\left[\dfrac{x^{(0)}(k)}{x^{(0)}(k-1)}\right]^{k-1} \cdot \left[1 - \dfrac{x^{(0)}(k-1)}{x^{(0)}(k)}\right]} \tag{7.11}$$

由初值条件可以知道

$$x^{(1)}(k_1) = x^{(0)}(k_1) = Ae^{a(k_1-k_1)} + B = A + B$$

$$\Rightarrow \quad B = x^{(0)}(k_1) - A$$

$$= x^{(0)}(k_1) - \frac{x^{(0)}(k)}{\left[\dfrac{x^{(0)}(k)}{x^{(0)}(k-1)}\right]^{k-1} \cdot \left[1 - \dfrac{x^{(0)}(k-1)}{x^{(0)}(k)}\right]} \tag{7.12}$$

7.2.4　利用优化的背景值进行预测的步骤

利用优化的背景值进行预测的步骤如下：

(1) 利用定理 7.6 中的 1-AGO 动态序列预测模型，计算出在区间 $[k,k+1]$ 上 n 等分点处的函数值（即求 $f(a+kh)$ 的值）。

(2) 利用复化求积公式计算背景值

$$z^{(1)}(k) = \int_{k-1}^{k} x^{(1)}(t)\mathrm{d}t$$

$$= \frac{h}{2}\left(f(a) + f(b) + 2\sum_{k=1}^{n-1} f(a+k \cdot h)\right)$$

(3) 利用定理 7.4 计算出 GM(1,1) 的时间响应序列及还原值的表达式，并进行预测。

7.2.5　算例分析

以 2002～2011 年国家的能源消费需求数据为基本数据[158]，对能源消费需求进行预测，分别应用原始 GM(1,1) 模型和优化背景值以后的 GM(1,1)（以下简称改进的 GM(1,1)），以比较两个模型的预测精度。以 2002～2009 年能源消费需求数据作为原始数据，对 2010、2011 年两年的能源消费需求进行预测，用 2010、2011 年两年的实际数据作为检验数据。

具体过程是：以区间 $[1,2]$ 为例，每个区间插入 3 个点将其平均分成 4 份。其他区间类似。

(1) 计算 α，利用

$$\alpha = \ln \frac{x^{(0)}(k)}{x^{(0)}(k-1)} = \ln \frac{x^{(0)}(2)}{x^{(0)}(1)} = \ln \frac{18.38}{15.93} = 0.1431$$

(2) 计算 A,利用

$$A = \frac{x^{(0)}(k)}{\left[\dfrac{x^{(0)}(k)}{x^{(0)}(k-1)}\right]^{k-1} \cdot \left[1 - \dfrac{x^{(0)}(k-1)}{x^{(0)}(k)}\right]}$$

$$= \frac{18.38}{\left(\dfrac{18.38}{15.93}\right)^{2-1} \cdot \left(1 - \dfrac{15.93}{18.38}\right)} = 119.51$$

(3) 计算 B,利用

$$B = x^{(0)}(k_1) - A = 15.93 - 119.51 = -103.58$$

(4) 计算每个小区间的端点值,利用动态序列模型 $x^{(1)}(t) = A e^{\alpha(t-1)} + B$ $(t \geqslant 1)$,即

$$x^{(1)}(t) = 119.51 \cdot e^{0.1431(t-1)} - 103.58$$

当 $t_1 = \dfrac{5}{4}$ 时,$x^{(1)}(t_1) = 20.28$;当 $t_1 = \dfrac{6}{4}$ 时,$x^{(1)}(t_1) = 24.79$;当 $t_1 = \dfrac{7}{4}$ 时, $x^{(1)}(t_1) = 29.47$,

$$f(a) = x^{(1)}(1) = 15.93, \quad f(b) = 34.31$$

(5) 计算优化的背景值,利用

$$z^{(1)}(k) = \int_{k-1}^{k} x^{(1)}(t)\,\mathrm{d}t$$

$$\Rightarrow \quad z^{(1)}(2) = \int_{1}^{2} x^{(1)}(t)\,\mathrm{d}t$$

$$= \frac{h}{2}\left(f(a) + f(b) + 2\sum_{k=1}^{n-1} f(a + k \cdot h)\right)$$

$$= \frac{1}{8}\left[15.93 + 34.31 + 2 \times (20.28 + 24.79 + 29.47)\right]$$

$$= 24.915$$

同理得到

$$z^{(1)}(3) = 44.6215, \quad z^{(1)}(4) = 67.9784, \quad z^{(1)}(5) = 93.0612$$

$$z^{(1)}(6) = 121.1735, \quad z^{(1)}(7) = 156.7850, \quad z^{(1)}(8) = 183.4950$$

将上面的优化背景值代入 GM(1,1)模型就得到模拟预测值(表 7.1)。

表 7.1　能源消费需求预测比较表　　　　　　　（单位：　/10^8 t）

年份	序号	原始数据	GM(1,1)模型		优化的 GM(1,1)模型	
			模拟预测值	相对误差	模拟预测值	相对误差
2002	1	15.93	15.93	0	15.93	0
2003	2	18.38	19.75	7.50%	19.83	7.88%
2004	3	21.35	21.36	0.05%	21.33	0.09%
2005	4	23.60	23.10	2.12%	22.94	0.67%
2006	5	25.87	24.98	3.44%	24.67	4.63%
2007	6	28.00	27.02	3.5%	26.53	5.25%
2008	7	29.14	29.23	0.31%	28.53	2.09%
2009	8	30.66	31.61	3.09%	30.68	0.07%
2010	9	32.50	34.19	5.2%	32.99	1.51%
2011	10	34.80	36.98	6.26%	35.48	1.95%
平均相对误差				3.15%		2.41%

　　本节根据灰色系统建模理论,分析了原始 GM(1,1)模型的建模原理和传统的 GM(1,1)模型预测误差的根源,认为影响灰色系统建模精度的一个重要因素是背景值构造。本节从积分几何意义的角度出发,利用函数逼近的思想,结合复化梯形公式,提出了一种新的重构背景值的方法。最后,根据重构背景值的 GM(1,1)模型,利用 2002～2011 年能源消费需求数据做了模拟预测,证明了该模型显著地提高了预测精度。该背景值的构造具有一定的理论意义和现实意义,使 GM(1,1)模型在实际应用中发挥了更大的效应。

7.3　基于回归方法的灰色包络带预测模型改进

　　灰色动态关联决策的核心是灰色预测模型,但是有时会发现原始数据发生了较大的不规则波动情形,在这种情况下不易找到合适的模型描述其变化规律,因而也就很难对其进行预测,这时自然想到采用一个区间来描述未来趋势的方法。[113]文献[159]～[160]提供了一个对于原始数据离乱且波动性较大的预测方法——区间包络带预测。但是,区间包络带预测也有其不足之处。首先,对于上界函数和下界函数的选择比较主观,从而造成包络带构造带有主观性。因为上(下)包络带函数的构造是按照这样的原则进行的,即上(下)包络带一定要经过上(下)缘点的峰顶,但不必经过所有的上(下)缘点,而上(下)缘点是由上(下)界函数确定的。其次,由于上(下)界函数的构造比较主观,从而在进行等区间取数时,对经过上(下)界函数的值又只能进行估算,用这些估算的值构建上(下)包络序列的时间响应式,由该时间响应序列做预测,这必然给精度造成一定的影响。因此本节将对以上不足进行改进,力求提高预测的精度。最后,通过实例进行比较,以便说明改进的模型在预测精度上比传统模型高。本节主要从以下两个方面进行改进:第一,因为包络带构造时上(下)缘点连线的选择将直接影响等时距地取点序列,因此,利用回归分析方法构建上缘点连线的逼近曲线,然后找到一个和逼近曲线具有相同表达式的函数式,称该函数为上缘点序列点的上界函数,由此得到改进的灰色包络带预测模型;第二,为了避免用简单的算术平均数作为预测值,本节利用每段中点值,构造一个序列,用该序列点作为原始点列,从而构建中位线序列模型。

7.3.1　基本概念

定义 7.13[113]　设 $X(t)$ 为序列折线,$f_u(t)$ 和 $f_s(t)$ 为光滑连续曲线。若对任意 t 恒有 $f_u(t) < X(t) < f_s(t)$,则称 $f_u(t)$ 为 $X(t)$ 的下界函数,$f_s(t)$ 为 $X(t)$ 的上界函数,并称 $S = \{(t, X(t)) \mid X(t) \in [f_u(t), f_s(t)]\}$ 为 $X(t)$ 的取值带。

定义 7.14　若 $X(t)$ 的取值带的上、下界函数为同种函数,则称 S 为一致带。若上、下界函数都为指数函数,则称 S 为一致指数带;若上、下界函数都为线性函数,则称 S 为一致线性带;若当 $t_1 < t_2$ 时,恒有 $f_s(t_1) - f_u(t_1) < f_s(t_2) - f_s(t_2)$,则称 S 为喇叭带。

定义 7.15[113]　设 $X^{(0)}$ 为原始序列,$X_u^{(0)}$ 是 $X^{(0)}$ 下缘点连线所对应的序列,$X_s^{(0)}$ 是 $X^{(0)}$ 上缘点连线所对应的序列,则

$$\hat{X}_u^{(1)}(k+1) = \left(x_u^{(0)}(1) - \frac{b_u}{a_u}\right) e^{-a_u k} + \frac{b_u}{a_u}$$

$$\hat{X}_s^{(1)}(k+1) = \left(x_s^{(0)}(1) - \frac{b_s}{a_s}\right) e^{-a_s k} + \frac{b_s}{a_s}$$

分别为 $X_u^{(0)}$ 和 $X_s^{(0)}$ 对应的 GM(1,1)时间响应式,称

$$S = \{(t, X(t)) \mid X(t) \in [\hat{X}_u^{(1)}(t), \hat{X}_s^{(1)}(t)]\}$$

为包络带。

定理 7.7　如图 7.2 所示,中位线的中点坐标公式为

$$w\left(k+\frac{1}{2}\right) = \frac{x_u^{(0)}(k) + x_s^{(0)}(k) + x_u^{(0)}(k+1) + x_s^{(0)}(k+1)}{4} \quad (k = 1,2,3,\cdots,n)$$

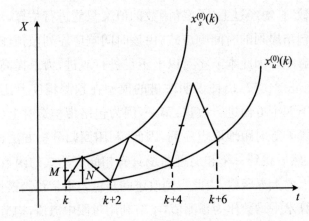

图 7.2　包络带示意图

证明　因为 $x_u^{(0)}(k)$ 和 $x_s^{(0)}(k)$ 连线的中点 M 的纵坐标为 $\dfrac{x_u^{(0)}(k) + x_s^{(0)}(k)}{2}$,同

理,$x_u^{(0)}(k+1)$ 和 $x_s^{(0)}(k+1)$ 连线的中点 N 的纵坐标为 $\dfrac{x_u^{(0)}(k+1) + x_s^{(0)}(k+1)}{2}$,

因此,再由中点坐标公式,就可以得到结论。

　　上面的中点坐标公式所生成的序列,从数值上看是两个中点纵坐标的紧邻均值生成的序列,实际上是上、下紧邻均值生成后,再进行一次紧邻均值生成,如果我们从定量动态的分析角度可以看出这个值更加接近真实的数值。因此,用该数值进行 GM(1,1)预测时,精度应该更高,更加接近真实值。

　　定理 7.8　若上(下)缘点的散点图具有某类函数的明显特征,那么就选用这类函数对上(下)界函数进行回归分析,求出该回归曲线,该回归曲线经过上(下)缘点的峰顶(谷),用该回归曲线作为上(下)界函数;若散点图前后两段或多段分别有不同类型函数的特点,那么,考虑分别用两种或多种曲线进行两阶段或多阶段拟合,最后用分段函数表示其上(下)界函数。

7.3.2　模型构建

7.3.2.1　构建改进包络带预测模型

首先,对上(下)缘点,利用回归分析方法构建上缘点连线的逼近曲线 $\hat{y} = f(x)$,主要是利用最小二乘法原理进行构造。

其次,找到一个和逼近曲线具有相同表达式的函数式 $y = f(x)$,使得对每一个观测点 $(x_i, y_i)(i = 1, 2, 3, \cdots, n)$ 所对的 $f(x_i)(\geqslant y_i)(i = 1, 2, 3, \cdots, n)$,使得 $\sum\limits_{i=1}^{n}(f(x_i) - y_i)^2$ 最小。我们把 $y = f(x)$ 叫作上缘点的序列点上界函数。同理,我们有下缘点的序列点下界函数。

最后,对上(下)缘点的序列点上(下)界函数进行等距离取值,这些值构成与原序列点对应的序列点,利用这些点构建 GM(1,1) 的时间响应式如下:

$$\hat{X}_u^{(1)}(k+1) = \left(x_u^{(0)}(1) - \frac{b_u}{a_u}\right)e^{-a_u k} + \frac{b_u}{a_u}$$

$$\hat{X}_s^{(1)}(k+1) = \left(x_s^{(0)}(1) - \frac{b_s}{a_s}\right)e^{-a_s k} + \frac{b_s}{a_s}$$

$$S = \{(t, X(t)) \mid X(t) \in [\hat{X}_u^{(1)}(t), \hat{X}_s^{(1)}(t)]\}$$

称集合 S 为改进包络带,然后利用包络带进行预测。

7.3.2.2　构建中位线序列模型

根据定理 7.7,先构造中位线点列,然后将中位线点列看作原始序列,构建 GM(1,1) 模型进行预测。具体建模过程如下:

首先,确定 $X^{(0)}$ 和 $X^{(1)}$ 序列。由 $X^{(0)}(k) = (x^{(0)}(1), x^{(0)}(2), \cdots, x^{(0)}(n))$,其中 $x^{(0)}(n) = w\left(n + \dfrac{1}{2}\right)$,$X^{(1)}$ 为 $X^{(0)}$ 的 1-AGO 序列,$X^{(1)} = (x^{(1)}(1), x^{(1)}(2), \cdots, x^{(1)}(n))$,其中 $x^{(1)}(k) = \sum\limits_{i=1}^{k} x^{(0)}(i)\ (k = 1, 2, \cdots, n)$。

其次,确定 $Z^{(1)}$ 序列。$Z^{(1)}$ 为 $X^{(1)}$ 的紧邻均值生成序列,$Z^{(1)} = (z^{(1)}(2), z^{(2)}(3), \cdots, z^{(1)}(n))$,其中 $z^{(1)}(k) = \dfrac{1}{2}(x^{(1)}(k) + x^{(1)}(k-1))(k = 1, 2, 3, \cdots, n)$。

再次,确定 GM(1,1) 模型的基本形式为 $x^0(k) + az^{(1)}(k) = b$ 中的参变量

$[a,b]^{\mathrm{T}}$ 值。若参数列 $\hat{a}=[a,b]^{\mathrm{T}}$ 且

$$Y=\begin{bmatrix} x^{(0)}(2) \\ x^{(0)}(3) \\ \vdots \\ x^{(0)}(n) \end{bmatrix}, \quad B=\begin{bmatrix} -z^{(1)}(2) & 1 \\ -z^{(1)}(3) & 1 \\ \vdots & \vdots \\ -z^{(1)}(n) & 1 \end{bmatrix}$$

则 GM(1,1) 模型 $x^{(0)}(k)+az^{(1)}(k)=b$ 的最小二乘估计参数列满足 $\hat{a}=(B^{\mathrm{T}}B)^{-1}B^{\mathrm{T}}Y$。

最后,确定 GM(1,1) 模型时间响应式并进行预测。

GM(1,1) 模型 $x^{(0)}(k)+az^{(1)}(k)=b$ 的时间响应序列为

$$\hat{X}^{(1)}(k+1)=\left(x^{(0)}(1)-\frac{b}{a}\right)\mathrm{e}^{-ak}+\frac{b}{a} \quad (k=1,2,\cdots,n)$$

其还原值为

$$\hat{X}^{(0)}(k+1)=\hat{x}^{(1)}(k+1)-\hat{x}^{(1)}(k)$$

$$=(1-\mathrm{e}^{a})\left(x^{(0)}(1)-\frac{b}{a}\right)\mathrm{e}^{-ak} \quad (k=1,2,\cdots,n)$$

其中,$\hat{X}^{(0)}(k+1)=w\left[(k+1)+\dfrac{1}{2}\right]$。基本预测值为

$$x^{(0)}(k)=\frac{1}{2}\left[w\left(k+\frac{1}{2}\right)+w\left(k+1+\frac{1}{2}\right)\right]$$

7.3.3 算例分析

我国某地地处西部,由于降水量和气候的限制,某种作物年产量极其不稳定,该作物需要相应的生产资料,但是政府还要支持其他项目,如果该项生产资料储备过多将会影响其他生产项目,因此,每年政府都要测算下一年将会有多少产量损失量,以便提前做好预案,十年产量如表 7.2 所示。

表 7.2　十年产量表　　　　　　（单位：万吨）

年份	1	2	3	4	5	6	7	8	9	10
产量	10	9	14	30	26	31	57	35	79	60

从表 7.2 可以看出该作物产量波动比较大,下面我们分别利用改进的灰色包络带模型、中位线序列模型和传统的包络带模型进行预测,最后再进行预测

精度比较。

7.3.3.1　改进包络带模型预测

首先,我们利用 Excel 画出折线图,观察折线图的走向,如图 7.3 所示。

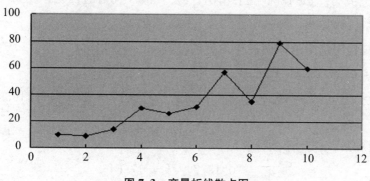

图 7.3　产量折线散点图

从图 7.3 可以观察到每年的产量波动比较大,但是这个产量还有上升趋势,为了了解具体情况,我们拟采取改进的包络带模型进行预测。首先,构造上缘点序列点的上界函数和下缘点序列点的下界函数。根据图形我们观察到上(下)界函数有上升趋势,因此,我们选择二次多项式进行拟合。我们通过MATLAB 编程并作出上(下)界函数图像(图 7.4)。

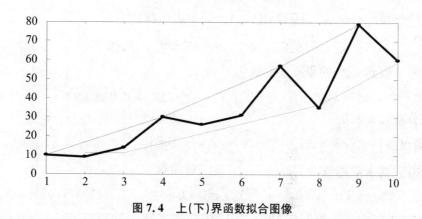

图 7.4　上(下)界函数拟合图像

通过 MATLAB 计算,我们分别得到上(下)界函数的表达式:

$$y_s = 0.3930x^2 + 4.6932x + 4.9213$$

$$y_u = 0.8657x^2 - 4.3948x + 16.4632$$

其次,构造 $f_s(t)$,$f_u(t)$ 所对应的上(下)包络序列:

$$X_s^{(0)} = (x_s^{(0)}(1), x_s^{(0)}(2), \cdots, x_s^{(0)}(10))$$

$$= (10.0075 \quad 15.8797 \quad 22.5379 \quad 29.9821 \quad 38.2123 \quad 47.2285$$

$$57.0307 \quad 67.6189 \quad 78.9931 \quad 91.1533)$$

$$X_u^{(0)} = (x_u^{(0)}(1), x_u^{(0)}(2), \cdots, x_u^{(0)}(10))$$

$$= (9.9341 \quad 11.1364 \quad 11.0701 \quad 12.7352 \quad 16.1317 \quad 21.2596$$

$$28.1189 \quad 36.7096 \quad 47.0317 \quad 59.0852)$$

最后,利用包络带模型进行预测,其 1-AGO 序列为

$$X_s^{(1)} = (x_s^{(1)}(1), x_s^{(1)}(2), \cdots, x_s^{(1)}(10))$$

$$= (10.0075 \quad 25.8872 \quad 48.4251 \quad 78.4072 \quad 116.6195 \quad 163.8480$$

$$220.8787 \quad 288.4976 \quad 367.4907 \quad 458.644)$$

发展系数和灰色作用量的计算结果为

$$a = -0.1877, \quad b = 17.6460$$

$X_s^{(1)}$ 的 GM(1,1)时间响应式为

$$\hat{x}_s^{(1)}(k+1) = 104.0192 e^{0.1877k} - 94.0117$$

由此可以得到 $X_s^{(0)}$ 的累减还原式为

$$\hat{x}_s^{(0)}(k+1) = \hat{x}_s^{(1)}(k+1) - \hat{x}_s^{(1)}(k) = 17.8015 e^{0.1877k}$$

从而有最高预测值:

$$\hat{x}_s^{(0)}(11) = 140.3280, \quad \hat{x}_s^{(0)}(12) = 169.3018, \quad \hat{x}_s^{(0)}(13) = 204.2578$$

同理我们得到 $X_u^{(1)}$ 的 GM(1,1)时间响应序列式为

$$\hat{x}_u^{(1)}(k+1) = 29.0266 e^{0.2442k} - 19.0925$$

由此可以得到 $X_u^{(0)}$ 的累减还原式为

$$\hat{x}_u^{(0)}(k+1) = \hat{x}_u^{(1)}(k+1) - \hat{x}_u^{(1)}(k) = 6.2890 e^{0.2442k}$$

从而有最低预测值:

$$\hat{x}_u^{(0)}(11) = 92.2961, \quad \hat{x}_u^{(0)}(12) = 117.8252, \quad \hat{x}_u^{(0)}(13) = 150.4156$$

由此得到基本预测值:

$$\hat{x}^{(0)}(11) = 116.3120, \quad \hat{x}^{(0)}(12) = 143.5635, \quad \hat{x}^{(0)}(13) = 177.3367$$

即在第 11 年的产量为 116.3120,第 12 年的产量为 143.5635,第 13 年的产量为 177.3367。

7.3.3.2　中位线序列模型预测

下面利用中位线的数据进行 GM(1,1)预测,利用定理 7.4 得到中位线序

列如下：

$$w\left(k+\frac{1}{2}\right)=(11.7394 \quad 15.1560 \quad 19.0813 \quad 24.2653 \quad 30.7080 \quad 38.4094$$
$$47.3695 \quad 57.5883 \quad 69.0658)$$

计算得到

$$a=-0.2092, \quad b=12.1603$$

故时间响应序列式为

$$\hat{w}_z^{(1)}\left(k+\frac{1}{2}\right)=69.7394\mathrm{e}^{0.2092k}-58.1276$$

由此得到的累减还原式为

$$\hat{w}_z^{(0)}\left(k+\frac{1}{2}\right)=13.1884\mathrm{e}^{0.2093k}$$

预测值为

$$\hat{w}_z^{(0)}\left(11+\frac{1}{2}\right)=131.7015, \quad \hat{w}_z^{(0)}\left(12+\frac{1}{2}\right)=162.3473$$

$$\hat{w}_z^{(0)}\left(13+\frac{1}{2}\right)=200.1241$$

故最后预测值为

$$w_z^{(0)}(11)=\frac{1}{2}\left[\hat{w}_z^{(0)}\left(10+\frac{1}{2}\right)+\hat{w}_z^{(0)}\left(11+\frac{1}{2}\right)\right]=100.3836$$

$$w_z^{(0)}(12)=147.0244, \quad w_z^{(0)}(13)=181.2357$$

7.3.3.3 三种模型预测精度比较

三种模型预测精度比较如表 7.3 所示。

表 7.3 三种模型预测精度比较

	传统包络带 GM(1,1)模型			中位线序列 GM(1,1)模型			改进包络带 GM(1,1)模型		
序号	实际值	预测值	相对误差	实际值	预测值	相对误差	实际值	预测值	相对误差
	$x^{(0)}(k)$	$\hat{x}^{(0)}(k)$	$\Delta_k=\dfrac{\lvert\varepsilon(k)\rvert}{x^{(0)}(k)}$	$x^{(0)}(k)$	$\hat{x}^{(0)}(k)$	$\Delta_k=\dfrac{\lvert\varepsilon(k)\rvert}{x^{(0)}(k)}$	$x^{(0)}(k)$	$\hat{x}^{(0)}(k)$	$\Delta_k=\dfrac{\lvert\varepsilon(k)\rvert}{x^{(0)}(k)}$
11	110.12	98.33	10.07%	110.12	100.38	8.84%	110.12	116.31	5.62%
12	140.46	131.09	6.67%	140.46	147.02	4.67%	140.46	143.56	2.20%
13	156.67	140.75	10.16%	156.67	181.24	15.68%	156.67	177.34	13.19%

从上面的结果我们可以看出，对原始数据波动性较大，而且数据也非常离

乱,用什么模型进行模拟预测都难以通过精度检验的序列,很难给出确切的预测值,但是可以做适当的改进,其效果还是比较明显的。通过上例的精度比较可以看出,当用传统包络带 GM(1,1)模型进行预测时,其预测精度就不如通过对原始数据进行数据变换,将其转化为中位线点列,然后用该点列作为原始点列再利用 GM(1,1)模型进行预测,结果显示预测精度比传统的高。但是,中位线点列的 GM(1,1)预测精度又不如改进的包络带 GM(1,1)模型的高,这充分说明对那些原始数据离乱的问题预测,可以考虑它们未来变化的范围,从而预测出它们的取值区间,这样效果更加理想。

7.4　三次时变参数离散灰色预测模型及其性质研究

灰色理论在很多学科和领域中得到成功运用。[161]为使灰色理论更为广泛深入地被运用,很多学者对其理论中的基本模型 GM(1,1)进行了深入研究,从不同的视角对模型进行了理论分析并完善和改进了模型,给出了很多新颖的GM(1,1)模型及其改进形式。[162-166]这些改进的模型在某种程度上提高了预测精度,降低了模拟误差,但是这些模型都有一个共同的问题,就是用离散化方法对参数进行估计,用连续时间响应式进行预测,从差分到微分的转换过程中必然会产生跳跃性误差。灰色离散预测模型的提出,在形式上使参数估计与模型得到统一,使离散化到连续化所产生的误差得到了有效解决。[167-168]张可分析离散灰色模型的预测模拟增长率时发现其增长率是一个与参数值 β 有关的恒定值,这对实际预测可能会造成误差,故通过引入一次时间项,构造一次时变参数离散灰色模型(简称 TDGM(1,1)模型)。[169]邬丽云在文献[169]的基础上,构建了二次时变参数离散灰色模型(简称 QDGM(1,1)模型),并优化了模型的迭代基值。[170]这些模型的预测模拟精度都有所提高。

在文献[169]~[170]的基础上,本节基于离散灰色模型的参数性质视角,通过引入三次时间项构造三次时变参数离散灰色模型(cubic time-varying parameters discrete grey forecasting model,CDGM(1,1)模型),对 CDGM(1,1)模型的性质进行深入探究,证明该模型对一次、二次、三次和白指数序列能够完全模拟(即具有重合性),同时具有伸缩变换和数乘变换一致性等重要性质。最后本节通过实例比较三次时变参数离散灰色预测模型与一般的离散模型(简称 DGM(1,1)模型)、非齐次离散模型(简称 NDGM(1,1)模型)的模拟和预测精度,结果表明 CDGM(1,1)模型的模拟和预测精度都得到了明显提高。基于时间变量对预测精度的影响,构建三次时变参数离散灰色模型,岩土工程中建筑物的形变、位移和沉降的预测是该模型的重要实际背景之一。建筑物的形变、位移和沉降的变化都是随着时间的变化由快到慢最后趋于稳定状态的,因此模型中的参数应该也是随着时间变化的量。岩土工程中不同地点的地质结构一般不同,所以采集的数据一般是"小样本、贫信息",从而比较适合灰色系统建模。另外,引入三次时间项构造模型是基于多项式拟合视角考虑的,依数值分析知识,多项式拟合时次数不宜太高,否则会出现过拟合现象;三次时变参数离散灰色模型中参数的确定是利用最小二乘原理,若多项式次数高就会产生变态矩阵,从而很难准确求解多项式系数。因此,寻找合适次数的多项式就显得非常关键。依数值分析相关研究,知拟合多项式次数在 3～4 次较为理想。三次时变参数离散灰色模型适用于长期预测且对参数随着时间变化而变化的"少数据、贫信息"的预测问题有较好的预测精度。

7.4.1　三次时变参数离散灰色模型

设某系统行为特征观测值为:$X^{(0)}=(x^{(0)}(1),x^{(0)}(2),\cdots,x^{(0)}(n))$,其一次累加序列为:$X^{(1)}=(x^{(1)}(1),x^{(1)}(2),\cdots,x^{(1)}(n))$,其中,$x^{(1)}(k)=\sum_{k=1}^{n}x^{(0)}(k)$ $(k=1,2,\cdots,n)$。

定义 7.16[167]　称 $x^{(1)}(k+1)=\beta_1 x^{(1)}(k)+\beta_1$ 为离散灰色模型(DGM(1,1)模型)。

定理 7.9[168]　设 DGM(1,1)模型的预测和模拟值序列为 $\hat{X}=(\hat{x}(1),\hat{x}(2),\cdots,\hat{x}(n))$,$\hat{u}(k)$ 是 $\hat{X}$ 的增长率,令 $\hat{u}(k)=\dfrac{\hat{x}(k+1)-\hat{x}(k)}{\hat{x}(k)}$,其中 $k=2,3,\cdots,n$,则 $\hat{u}(k)=\beta_1-1$。

定理 7.9 表明 DGM(1,1)模型的预测模拟增长率是一个与参数值 β_1 有关的恒定值,这样可能会造成在实际预测时产生较大的误差,原因是实际预测数据序列不一定都符合指数规律。

定义 7.17 $x^{(1)}(k+1)=(a_0+a_1k+a_2k^2+a_3k^3)x^{(1)}(k)+b_0+b_1k+b_2k^2+b_3k^3$ 为三次时变参数离散灰色模型,其中 $x^{(1)}(k)$ 为原始序列的一次累加生成序列。

定理 7.10 设非负序列 $X^{(0)}=(x^{(0)}(1),x^{(0)}(2),\cdots,x^{(0)}(n))$ 的一次累加序列为

$$X^{(1)}=(x^{(1)}(1),x^{(1)}(2),\cdots,x^{(1)}(n))$$

则 CDGM(1,1)模型

$$x^{(1)}(k+1)=(a_0+a_1k+a_2k^2+a_3k^3)x^{(1)}(k)+b_0+b_1k+b_2k^2+b_3k^3$$

的最小二乘法的参数估计值分别为

$$\widehat{a_0}=\frac{D_1}{D},\quad \widehat{a_1}=\frac{D_2}{D},\quad \widehat{a_2}=\frac{D_3}{D},\quad \widehat{a_3}=\frac{D_4}{D}$$

$$\widehat{b_0}=\frac{D_5}{D},\quad \widehat{b_1}=\frac{D_6}{D},\quad \widehat{b_2}=\frac{D_7}{D},\quad \widehat{b_3}=\frac{D_8}{D}$$

此处 $D_j(j=1,2,\cdots,8)$ 是把行列式 D 中的第 j 列元素换成线性方程组的常数项列 B 而得到的行列式。由于行列式行和列较多,现采用以下记号以便标记:

$$E=\sum_{k=1}^{n-1}1,\quad F=\sum_{k=1}^{n-1}k,\quad G=\sum_{k=1}^{n-1}k^2,\quad H=\sum_{k=1}^{n-1}k^3,\quad I=\sum_{k=1}^{n-1}k^4$$

$$J=\sum_{k=1}^{n-1}k^5,\quad K=\sum_{k=1}^{n-1}k^6,\quad L=\sum_{k=1}^{n-1}x^{(1)}(k),\quad M=\sum_{k=1}^{n-1}kx^{(1)}(k)$$

$$N=\sum_{k=1}^{n-1}k^2x^{(1)}(k),\quad O=\sum_{k=1}^{n-1}k^3x^{(1)}(k),\quad Q=\sum_{k=1}^{n-1}k^4x^{(1)}(k)$$

$$R=\sum_{k=1}^{n-1}k^5x^{(1)}(k),\quad S=\sum_{k=1}^{n-1}k^6x^{(1)}(k),\quad T=\sum_{k=1}^{n-1}(x^{(1)}(k))^2$$

$$U=\sum_{k=1}^{n-1}k(x^{(1)}(k))^2,\quad V=\sum_{k=1}^{n-1}k^2(x^{(1)}(k))^2,\quad W=\sum_{k=1}^{n-1}k^3(x^{(1)}(k))^2$$

$$X=\sum_{k=1}^{n-1}k^4(x^{(1)}(k))^2,\quad Y=\sum_{k=1}^{n-1}k^5(x^{(1)}(k))^2,\quad Z=\sum_{k=1}^{n-1}k^6(x^{(1)}(k))^2$$

$$B_1=\sum_{k=1}^{n-1}x^{(1)}(k+1)x^{(1)}(k),\quad B_2=\sum_{k=1}^{n-1}kx^{(1)}(k+1)x^{(1)}(k)$$

$$B_3=\sum_{k=1}^{n-1}k^2x^{(1)}(k+1)x^{(1)}(k),\quad B_4=\sum_{k=1}^{n-1}k^3x^{(1)}(k+1)x^{(1)}(k)$$

$$B_5=\sum_{k=1}^{n-1}x^{(1)}(k+1),\quad B_6=\sum_{k=1}^{n-1}kx^{(1)}(k+1)$$

$$B_7=\sum_{k=1}^{n-1}k^2x^{(1)}(k+1),\quad B_8=\sum_{k=1}^{n-1}k^3x^{(1)}(k+1)$$

$$D = \begin{vmatrix} T & U & V & W & L & M & N & O \\ U & V & W & X & M & N & O & Q \\ V & W & X & Y & N & O & Q & R \\ W & X & Y & Z & O & Q & R & S \\ L & M & N & O & E & F & G & H \\ M & N & O & Q & F & G & H & I \\ N & O & Q & R & G & H & I & J \\ O & Q & R & S & H & I & J & K \end{vmatrix}$$

$$D_1 = \begin{vmatrix} B_1 & U & V & W & L & M & N & O \\ B_2 & V & W & X & M & N & O & Q \\ B_3 & W & X & Y & N & O & Q & R \\ B_4 & X & Y & Z & O & Q & R & S \\ B_5 & M & N & O & E & F & G & H \\ B_6 & N & O & Q & F & G & H & I \\ B_7 & O & Q & R & G & H & I & J \\ B_8 & Q & R & S & H & I & J & K \end{vmatrix}$$

类似可以得到行列式 $D_2, D_3, D_4, D_5, D_6, D_7, D_8$。

证明　设非负序列 $X^{(0)} = (x^{(0)}(1), x^{(0)}(2), \cdots, x^{(0)}(n))$，$(\widehat{a_0}, \widehat{a_1}, \widehat{a_2}, \widehat{a_3}, \widehat{b_0}, \widehat{b_1}, \widehat{b_2}, \widehat{b_3})$ 为 CDGM(1,1) 模型的参数估计值，用模拟值

$$\widehat{x}^{(1)}(k+1) = (\widehat{a_0} + \widehat{a_1}k + \widehat{a_2}k^2 + \widehat{a_3}k^3)\widehat{x}^{(1)}(k) + \widehat{b_0} + \widehat{b_1}k + \widehat{b_2}k^2 + \widehat{b_3}k^3$$

代替 $x^{(1)}(k+1)$ $(k=1,2,\cdots,n)$，得到误差平方和：$S = \sum\limits_{k=1}^{n-1}[x^{(1)}(k+1) - \widehat{x}^{(1)}(k+1)]^2$，由最小二乘法求使 S 最小值的点 $(\widehat{a_0}, \widehat{a_1}, \widehat{a_2}, \widehat{a_3}, \widehat{b_0}, \widehat{b_1}, \widehat{b_2}, \widehat{b_3})$ 应该满足以下方程组：

$$\widehat{a_0}\sum_{k=1}^{n-1}(x^{(1)}(k))^2 + \widehat{a_1}\sum_{k=1}^{n-1}k(x^{(1)}(k))^2 + \widehat{a_2}\sum_{k=1}^{n-1}k^2(x^{(1)}(k))^2 + \widehat{a_3}\sum_{k=1}^{n-1}k^3(x^{(1)}(k))^2$$

$$+ \widehat{b_0}\sum_{k=1}^{n-1}x^{(1)}(k) + \widehat{b_1}\sum_{k=1}^{n-1}kx^{(1)}(k) + \widehat{b_2}\sum_{k=1}^{n-1}k^2x^{(1)}(k) + \widehat{b_3}\sum_{k=1}^{n-1}k^3x^{(1)}(k)$$

$$= \sum_{k=1}^{n-1}x^{(1)}(k+1)x^{(1)}(k)$$

$$\widehat{a_0}\sum_{k=1}^{n-1}k(x^{(1)}(k))^2 + \widehat{a_1}\sum_{k=1}^{n-1}k^2(x^{(1)}(k))^2 + \widehat{a_2}\sum_{k=1}^{n-1}k^3(x^{(1)}(k))^2 + \widehat{a_3}\sum_{k=1}^{n-1}k^4(x^{(1)}(k))^2$$

$$+\widehat{b_0}\sum_{k=1}^{n-1}kx^{(1)}(k)+\widehat{b_1}\sum_{k=1}^{n-1}k^2x^{(1)}(k)+\widehat{b_2}\sum_{k=1}^{n-1}k^3x^{(1)}(k)+\widehat{b_3}\sum_{k=1}^{n-1}k^4x^{(1)}(k)$$

$$=\sum_{k=1}^{n-1}kx^{(1)}(k+1)x^{(1)}(k)$$

$$\widehat{a_0}\sum_{k=1}^{n-1}k^2\,(x^{(1)}(k))^2+\widehat{a_1}\sum_{k=1}^{n-1}k^3\,(x^{(1)}(k))^2+\widehat{a_2}\sum_{k=1}^{n-1}k^4\,(x^{(1)}(k))^2+\widehat{a_3}\sum_{k=1}^{n-1}k^5\,(x^{(1)}(k))^2$$

$$+\widehat{b_0}\sum_{k=1}^{n-1}k^2x^{(1)}(k)+\widehat{b_1}\sum_{k=1}^{n-1}k^3x^{(1)}(k)+\widehat{b_2}\sum_{k=1}^{n-1}k^4x^{(1)}(k)+\widehat{b_3}\sum_{k=1}^{n-1}k^5x^{(1)}(k)$$

$$=\sum_{k=1}^{n-1}k^2x^{(1)}(k+1)x^{(1)}(k)$$

$$\widehat{a_0}\sum_{k=1}^{n-1}k^3\,(x^{(1)}(k))^2+\widehat{a_1}\sum_{k=1}^{n-1}k^4\,(x^{(1)}(k))^2+\widehat{a_2}\sum_{k=1}^{n-1}k^5\,(x^{(1)}(k))^2+\widehat{a_3}\sum_{k=1}^{n-1}k^6\,(x^{(1)}(k))^2$$

$$+\widehat{b_0}\sum_{k=1}^{n-1}k^3x^{(1)}(k)+\widehat{b_1}\sum_{k=1}^{n-1}k^4x^{(1)}(k)+\widehat{b_2}\sum_{k=1}^{n-1}k^5x^{(1)}(k)+\widehat{b_3}\sum_{k=1}^{n-1}k^6x^{(1)}(k)$$

$$=\sum_{k=1}^{n-1}k^3x^{(1)}(k+1)x^{(1)}(k)$$

$$\widehat{a_0}\sum_{k=1}^{n-1}x^{(1)}(k)+\widehat{a_1}\sum_{k=1}^{n-1}kx^{(1)}(k)+\widehat{a_2}\sum_{k=1}^{n-1}k^2x^{(1)}(k)+\widehat{a_3}\sum_{k=1}^{n-1}k^3x^{(1)}(k)$$

$$+\widehat{b_0}\sum_{k=1}^{n-1}1+\widehat{b_1}\sum_{k=1}^{n-1}k+\widehat{b_2}\sum_{k=1}^{n-1}k^2+\widehat{b_3}\sum_{k=1}^{n-1}k^3$$

$$=\sum_{k=1}^{n-1}x^{(1)}(k+1)$$

$$\widehat{a_0}\sum_{k=1}^{n-1}kx^{(1)}(k)+\widehat{a_1}\sum_{k=1}^{n-1}k^2x^{(1)}(k)+\widehat{a_2}\sum_{k=1}^{n-1}k^3x^{(1)}(k)+\widehat{a_3}\sum_{k=1}^{n-1}k^4x^{(1)}(k)$$

$$+\widehat{b_0}\sum_{k=1}^{n-1}k+\widehat{b_1}\sum_{k=1}^{n-1}k^2+\widehat{b_2}\sum_{k=1}^{n-1}k^3+\widehat{b_3}\sum_{k=1}^{n-1}k^4$$

$$=\sum_{k=1}^{n-1}kx^{(1)}(k+1)$$

$$\widehat{a_0}\sum_{k=1}^{n-1}k^2x^{(1)}(k)+\widehat{a_1}\sum_{k=1}^{n-1}k^3x^{(1)}(k)+\widehat{a_2}\sum_{k=1}^{n-1}k^4x^{(1)}(k)+\widehat{a_3}\sum_{k=1}^{n-1}k^5x^{(1)}(k)$$

$$+\widehat{b_0}\sum_{k=1}^{n-1}k^2+\widehat{b_1}\sum_{k=1}^{n-1}k^3+\widehat{b_2}\sum_{k=1}^{n-1}k^4+\widehat{b_3}\sum_{k=1}^{n-1}k^5$$

$$=\sum_{k=1}^{n-1}k^2x^{(1)}(k+1)$$

$$\widehat{a_0}\sum_{k=1}^{n-1}k^3x^{(1)}(k)+\widehat{a_1}\sum_{k=1}^{n-1}k^4x^{(1)}(k)+\widehat{a_2}\sum_{k=1}^{n-1}k^5x^{(1)}(k)+\widehat{a_3}\sum_{k=1}^{n-1}k^6x^{(1)}(k)$$

$$+\widehat{b_0}\sum_{k=1}^{n-1}k^3+\widehat{b_1}\sum_{k=1}^{n-1}k^4+\widehat{b_2}\sum_{k=1}^{n-1}k^5+\widehat{b_3}\sum_{k=1}^{n-1}k^6$$

$$=\sum_{k=1}^{n-1}k^3x^{(1)}(k+1)$$

解上述线性方程组,得到 $\widehat{a_0},\widehat{a_1},\widehat{a_2},\widehat{a_3},\widehat{b_0},\widehat{b_1},\widehat{b_2},\widehat{b_3}$ 各参数的估计值。

定义 7.18　已知序列 $X^{(0)}$，$X^{(1)}$ 以及 CDGM(1,1)模型中 $\hat{a}_0$，$\hat{a}_1$，$\hat{a}_2$，$\hat{a}_3$，$\hat{b}_0$，$\hat{b}_1$，$\hat{b}_2$，$\hat{b}_3$ 各参数的估计值，取 $\hat{X}^{(1)} = X^{(0)}(1)$，则序列 $X^{(0)}$ 的一次累加序列模拟递推公式为

$$\hat{x}^{(1)}(k+1) = (\hat{a}_0 + \hat{a}_1 k + \hat{a}_2 k^2 + \hat{a}_3 k^3)\hat{x}^{(1)}(k) + \hat{b}_0 + \hat{b}_1 k + \hat{b}_2 k^2 + \hat{b}_3 k^3$$

$$(7.13)$$

其还原的模拟值为

$$\hat{x}^{(0)}(k+1) = \alpha^{(1)}\hat{x}^{(1)}(k+1) = \hat{x}^{(1)}(k+1) - \hat{x}^{(1)}(k) \quad (k = 1, 2, \cdots, n-1)$$

$$(7.14)$$

7.4.2　CDGM(1,1)模型性质研究

定理 7.11　设 $X^{(0)}$ 为非负序列，其中 $x^{(0)}(k) = e^{ak}(k = 1, 2, \cdots, n)$，$\hat{x}^{(0)}(k)$ 为 CDGM(1,1)模型的模拟值，则 $\hat{x}^{(0)}(k) = e^{ak}(k = 1, 2, \cdots, n)$。

证明　因为 $x^{(0)}(k) = e^{ak}(k = 1, 2, \cdots, n)$，则 $x^{(1)}(k+1) = e^a x^{(1)}(k) + e^a$，由定理 7.10，将 $B_i(i = 1, 2, \cdots, 8)$ 中的 $x^{(1)}(k+1)$ 用 $x^{(1)}(k+1) = e^a x^{(1)}(k) + e^a$ 来代替。$D_j(j = 1, 2, \cdots, 8)$ 为 CDGM(1,1)模型参数估计的中间参数，现以 D_1 为例说明计算过程，由于此时行列式 D_1 分为两个行列式的和，即

$$D_1 = \begin{vmatrix} e^a\sum_{k=1}^{n-1}(x^{(1)}(k))^2 + e^a\sum_{k=1}^{n-1}x^{(1)}(k) & U & V & W & L & M & N & O \\ e^a\sum_{k=1}^{n-1}k(x^{(1)}(k))^2 + e^a\sum_{k=1}^{n-1}kx^{(1)}(k) & V & W & X & M & N & O & Q \\ e^a\sum_{k=1}^{n-1}k^2(x^{(1)}(k))^2 + e^a\sum_{k=1}^{n-1}k^2x^{(1)}(k) & W & X & Y & N & O & Q & R \\ e^a\sum_{k=1}^{n-1}k^3(x^{(1)}(k))^2 + e^a\sum_{k=1}^{n-1}k^3x^{(1)}(k) & X & Y & Z & O & Q & R & S \\ e^a\sum_{k=1}^{n-1}x^{(1)}(k) + e^a\sum_{k=1}^{n-1}1 & M & N & O & E & F & G & H \\ e^a\sum_{k=1}^{n-1}kx^{(1)}(k) + e^a\sum_{k=1}^{n-1}k & N & O & Q & F & G & H & I \\ e^a\sum_{k=1}^{n-1}k^2x^{(1)}(k) + e^a\sum_{k=1}^{n-1}k^2 & O & Q & R & G & H & I & J \\ e^a\sum_{k=1}^{n-1}k^3x^{(1)}(k) + e^a\sum_{k=1}^{n-1}k^3 & Q & R & S & H & I & J & K \end{vmatrix}$$

$$= \mathrm{e}^a \cdot \begin{vmatrix} T & U & V & W & L & M & N & O \\ U & V & W & X & M & N & O & Q \\ V & W & X & Y & N & O & Q & R \\ W & X & Y & Z & O & Q & R & S \\ L & M & N & O & E & F & G & H \\ M & N & O & Q & F & G & H & I \\ N & O & Q & R & G & H & I & J \\ O & Q & R & S & H & I & J & K \end{vmatrix} + \mathrm{e}^a \cdot \begin{vmatrix} L & U & V & W & L & M & N & O \\ M & V & W & X & M & N & O & Q \\ N & W & X & Y & N & O & Q & R \\ O & X & Y & Z & O & Q & R & S \\ E & M & N & O & E & F & G & H \\ F & N & O & Q & F & G & H & I \\ G & O & Q & R & G & H & I & J \\ H & Q & R & S & H & I & J & K \end{vmatrix}$$

$= \mathrm{e}^a \cdot D + 0 = \mathrm{e}^a \cdot D$

同理可以得到

$$D_2 = D_3 = D_4 = D_6 = D_7 = D_8 = 0, \quad D_5 = \mathrm{e}^a \cdot D$$

所以得到

$$\widehat{a}_0 = \mathrm{e}^a, \quad \widehat{a}_1 = \widehat{a}_2 = \widehat{a}_3 = \widehat{b}_1 = \widehat{b}_2 = \widehat{b}_3 = 0, \quad \widehat{b}_0 = \mathrm{e}^a$$

以原始序列 $X^{(0)}$ 建立的 CDGM(1,1)预测模型为

$$\widehat{x}^{(1)}(k+1) = \mathrm{e}^a \widehat{x}^{(1)}(k) + \mathrm{e}^a \quad (k=1,2,\cdots,n-1)$$

故

$$\widehat{x}^{(1)}(k+1) = \mathrm{e}^a + \mathrm{e}^{2a} + \cdots + \mathrm{e}^{a(k+1)}$$

依定义 7.18，知 $\widehat{x}^{(0)}(k+1) = \mathrm{e}^{a(k+1)}(k=1,2,\cdots,n-1)$，故 $\widehat{x}^{(0)}(k) = \mathrm{e}^{ak}(k=1, 2,\cdots,n-1)$。

定理 7.11 表明了 CDGM(1,1)模型能够完全模拟具有白指数规律的序列，故序列增长率高,预测模拟效果好。从定理的推演过程能够看出 DGM(1,1)模型、TDGM(1,1)模型、QDGM(1,1)模型均可以看作 CDGM(1,1)模型的特例，而且原始序列增长率近似恒定时,这四个模型可以相互替代使用。

定理 7.12 设 $X^{(0)}$ 为非负序列，其中 $x^{(0)}(k)=a+kb(k=1,2,\cdots,n)$，$\widehat{x}^{(0)}(k)$ 为 CDGM(1,1)模型的模拟值，则 $\widehat{x}^{(0)}(k)=a+kb(k=1,2,\cdots,n)$。

证明 因为 $x^{(0)}(k)=a+kb(k=1,2,\cdots,n)$，则 $x^{(1)}(k+1)=x^{(1)}(k)+a+kb+b$，由定理 7.10，将 $B_i(i=1,2,\cdots,8)$ 中的 $x^{(1)}(k+1)$ 用 $x^{(1)}(k+1)=x^{(1)}(k)+a+kb+b$ 来代替。$D_j(j=1,2,\cdots,8)$ 为 CDGM(1,1)模型参数估计的中间参数，现以 D_1 为例说明计算过程,由于此时行列式 D_1 的第一列分为三列,由此可以将其分为三个行列式的和，即

$$
D_1 = \begin{vmatrix}
\sum\limits_{k=1}^{n-1}(x^{(1)}(k))^2+(a+b)\sum\limits_{k=1}^{n-1}x^{(1)}(k)+b\sum\limits_{k=1}^{n-1}kx^{(1)}(k) & U & V & W & L & M & N & O \\[4pt]
\sum\limits_{k=1}^{n-1}k(x^{(1)}(k))^2+(a+b)\sum\limits_{k=1}^{n-1}kx^{(1)}(k)+b\sum\limits_{k=1}^{n-1}k^2x^{(1)}(k) & V & W & X & M & N & O & Q \\[4pt]
\sum\limits_{k=1}^{n-1}k^2(x^{(1)}(k))^2+(a+b)\sum\limits_{k=1}^{n-1}k^2x^{(1)}(k)+b\sum\limits_{k=1}^{n-1}k^3x^{(1)}(k) & W & X & Y & N & O & Q & R \\[4pt]
\sum\limits_{k=1}^{n-1}k^3(x^{(1)}(k))^2+(a+b)\sum\limits_{k=1}^{n-1}k^3x^{(1)}(k)+b\sum\limits_{k=1}^{n-1}k^4x^{(1)}(k) & X & Y & Z & O & Q & R & S \\[4pt]
\sum\limits_{k=1}^{n-1}x^{(1)}(k)+(a+b)\sum\limits_{k=1}^{n-1}1+b\sum\limits_{k=1}^{n-1}k & M & N & O & E & F & G & H \\[4pt]
\sum\limits_{k=1}^{n-1}kx^{(1)}(k)+(a+b)\sum\limits_{k=1}^{n-1}k+b\sum\limits_{k=1}^{n-1}k^2 & N & O & Q & F & G & H & I \\[4pt]
\sum\limits_{k=1}^{n-1}k^2x^{(1)}(k)+(a+b)\sum\limits_{k=1}^{n-1}k^2+b\sum\limits_{k=1}^{n-1}k^3 & O & Q & R & G & H & I & J \\[4pt]
\sum\limits_{k=1}^{n-1}k^3x^{(1)}(k)+(a+b)\sum\limits_{k=1}^{n-1}k^3+b\sum\limits_{k=1}^{n-1}k^4 & Q & R & S & H & I & J & K
\end{vmatrix}
$$

$$
= \begin{vmatrix}
T & U & V & W & L & M & N & O \\
U & V & W & X & M & N & O & Q \\
V & W & X & Y & N & O & Q & R \\
W & X & Y & Z & O & Q & R & S \\
L & M & N & O & E & F & G & H \\
M & N & O & Q & F & G & H & I \\
N & O & Q & R & G & H & I & J \\
O & Q & R & S & H & I & J & K
\end{vmatrix}
+ (a+b)\cdot
\begin{vmatrix}
L & U & V & W & L & M & N & O \\
M & V & W & X & M & N & O & Q \\
N & W & X & Y & N & O & Q & R \\
O & X & Y & Z & O & Q & R & S \\
E & M & N & O & E & F & G & H \\
F & N & O & Q & F & G & H & I \\
G & O & Q & R & G & H & I & J \\
H & Q & R & S & H & I & J & K
\end{vmatrix}
$$

$$
+ b\cdot
\begin{vmatrix}
M & U & V & W & L & M & N & O \\
N & V & W & X & M & N & O & Q \\
O & W & X & Y & N & O & Q & R \\
Q & X & Y & Z & O & Q & R & S \\
F & M & N & O & E & F & G & H \\
G & N & O & Q & F & G & H & I \\
H & O & Q & R & G & H & I & J \\
I & Q & R & S & H & I & J & K
\end{vmatrix}
= D + (a+b)\cdot 0 + b\cdot 0 = D
$$

同理可得

$$D_2 = D_3 = D_4 = D_7 = D_8 = 0, \quad D_5 = (a+b)D, \quad D_6 = b \cdot D$$

所以得到

$$\widehat{a_0} = 1, \quad \widehat{a_1} = \widehat{a_2} = \widehat{a_3} = \widehat{b_2} = \widehat{b_3} = 0, \quad \widehat{b_0} = a+b, \quad \widehat{b_1} = b$$

故

$$x^{(1)}(k+1) = x^{(1)}(k) + (a+b) + bk \quad \Rightarrow \quad x^{(1)}(k+1) = x^{(1)}(k) + a + (k+1)b$$

因此

$$\widehat{x}^{(0)}(k+1) = a + (k+1)b$$

故

$$\widehat{x}^{(0)}(k) = a + kb \quad (k = 1, 2, \cdots, n)$$

定理 7.12 表明了 CDGM(1,1) 模型能够模拟线性序列,但是 DGM(1,1) 模型不具有该性质。

定理 7.13　设 $X^{(0)}$ 为非负序列,其中 $x^{(0)}(k) = a + kb + k^2 c (k = 1, 2, \cdots, n)$,$\widehat{x}^{(0)}(k)$ 为 CDGM(1,1) 模型的模拟值,则 $\widehat{x}^{(0)}(k+1) = a + kb + k^2 c (k = 1, 2, \cdots, n)$。

证明　因为

$$x^{(0)}(k) = a + kb + k^2 c \quad (k = 1, 2, \cdots, n)$$

所以

$$\begin{aligned}
x^{(1)}(k+1) &= x^{(1)}(k) + x^{(0)}(k+1) \\
&= x^{(1)}(k) + a + (k+1)b + (k+1)^2 c \\
&= x^{(1)}(k) + k^2 c + 2kc + kb + a + b + c
\end{aligned}$$

则由定理 7.10,将 $B_i(i = 1, 2, \cdots, 8)$ 中的 $x^{(1)}(k+1)$ 用 $x^{(1)}(k+1) = x^{(1)}(k) + k^2 c + 2kc + a + b + c$ 来代替。$D_j(j = 1, 2, \cdots, 8)$ 为 CDGM(1,1) 模型参数估计的中间参数,现以 D_1 为例说明该计算过程。此时行列式 D_1 的第一列分为四列,因此可以将其分为四个行列式的和,具体过程同定理 7.12,计算得

$$D_1 = D, \quad D_2 = D_3 = D_4 = D_8 = 0, \quad D_5 = (a+b+c)D$$

$$D_6 = (2c+b)D, \quad D_7 = cD$$

所以得到

$$\widehat{a_0} = 1, \quad \widehat{a_1} = \widehat{a_2} = \widehat{a_3} = \widehat{b_3} = 0, \quad \widehat{b_0} = a+b+c, \quad \widehat{b_1} = 2c+b, \quad \widehat{b_2} = c$$

故有

$$\begin{aligned}
x^{(1)}(k+1) &= x^{(1)}(k) + (a+b+c) + (2c+b)k + ck^2 \\
&= x^{(1)}(k) + k^2 c + 2kc + a + b + c \\
&= a + (k+1)b + (k+1)^2 c
\end{aligned}$$

因此可得

$$\widehat{x}^{(0)}(k+1) = \widehat{x}^{(1)}(k+1) - \widehat{x}^{(1)}(k) = a + (k+1)b + (k+1)^2 c$$

故可以得到

$$\widehat{x}^{(0)}(k+1) = a + kb + k^2 c \quad (k=1,2,\cdots,n)$$

该定理表明了 CDGM(1,1) 模型具有二次规律重合性,而 DGM(1,1) 模型和 TDGM(1,1) 模型都不具有二次规律重合性。

定理 7.14　设 $X^{(0)}$ 为非负序列,其中 $x^{(0)}(k)=a+kb+k^2 c+k^3 d(k=1,2,\cdots,n)$, $\widehat{x}^{(0)}(k)$ 为 CDGM(1,1) 模型的模拟值,则

$$\widehat{x}^{(0)}(k+1) = a + kb + k^2 c + k^3 d \quad (k=1,2,\cdots,n)$$

证明　具体证明过程同定理 7.12。

该定理表明了 CDGM(1,1) 模型具有三次规律重合性,该性质是 DGM(1,1) 模型、TDGM(1,1) 模型、QDGM(1,1) 模型所不具备的。

定理 7.15　设非负序列 $Y^{(0)}$ 为 $X^{(0)}$ 的数乘变换序列,其中 $y^{(0)}(k)=\rho x^{(0)}(k)$($\rho$ 为非负常数)。对非负序列 $X^{(0)}$ 和 $Y^{(0)}$ 分别建立 CDGM(1,1) 模型,记 $(a_0,a_1,a_2,a_3,b_0,b_1,b_2,b_3)$ 和 $(\bar{a}_0,\bar{a}_1,\bar{a}_2,\bar{a}_3,\bar{b}_0,\bar{b}_1,\bar{b}_2,\bar{b}_3)$ 分别为序列 $X^{(0)}$ 和 $Y^{(0)}$ 的模型参数估计值,则 $a_i=\bar{a}_i,b_i=\bar{b}_i(i=0,1,2,3)$。

证明　依定理 7.10 结论得证。

定理 7.16　设非负序列 $Y^{(0)}$ 为 $X^{(0)}$ 的数乘变换序列,其中 $y^{(0)}(k)=\rho x^{(0)}(k)$($\rho$ 为非负常数)。记 $\widehat{x}^{(0)}(k)$ 和 $\widehat{y}^{(0)}(k)$ 分别为非负序列 $X^{(0)}$ 和 $Y^{(0)}$ 的 CDGM(1,1) 模型的预测值(模拟值),则 $\widehat{y}^{(1)}(k)=\rho\widehat{x}^{(1)}(k)$, $\widehat{y}^{(0)}(k)=\rho\widehat{x}^{(0)}(k)$。

证明　依定理 7.15 结论得证。

定理 7.15 和定理 7.16 称为 CDGM(1,1) 模型伸缩变换一致性定理,它们描述了序列经过数乘变换后的 CDGM(1,1) 模型的预测模拟值等于原序列预测模拟值也进行相应的数乘变换。这个性质的一个重要运用就是在不影响预测模拟误差的前提下,通过对建模数据的数乘变换能够有效地解决模型的病态问题。

7.4.3　模型的迭代基值优化

为了尽可能消除迭代初始值对模型拟合值的影响,考虑给迭代初始值增加一个修正项 ε,通过修正项反向抵消初始值带来的偏差,选择 $\widehat{x}^{(1)}(1)=\widehat{x}^{(0)}(1)$

为迭代基值。对这个增加的修正项 ε 的取值，采用最小二乘法原理，构建一个无约束的优化模型，求解 $\widehat{x}^{(1)}(k)$ 与 $x^{(1)}(k)$ 的误差平方和最小。为此在定义7.17模型的基础上加上一个基值修正项，便得到如下模型：

$$\begin{cases} \widehat{x}^{(1)}(k+1) = (\widehat{a}_0 + \widehat{a}_1 k + \widehat{a}_2 k^2 + \widehat{a}_3 k^3)\widehat{x}^{(1)}(k) + \widehat{b}_0 + \widehat{b}_1 k + \widehat{b}_2 k^2 + \widehat{b}_3 k^3 \\ \widehat{x}^{(1)}(k) = x^{(0)}(k) + \varepsilon \end{cases} \quad (7.15)$$

式(7.15)中的参数 $(\widehat{a}_0, \widehat{a}_1, \widehat{a}_2, \widehat{a}_3, \widehat{b}_0, \widehat{b}_1, \widehat{b}_2, \widehat{b}_3)$ 由定理 7.7 得到，通过迭代可以得到式(7.16)：

$$\begin{cases} \widehat{x}^{(1)}(1) = x^{(0)}(1) + \varepsilon \\ \widehat{x}^{(1)}(2) = (\widehat{a}_0 + \widehat{a}_1 \cdot 1 + \widehat{a}_2 \cdot 1^2 + \widehat{a}_3 \cdot 1^3)\widehat{x}^{(1)}(1) \\ \qquad\qquad + (\widehat{b}_0 + \widehat{b}_1 \cdot 1 + \widehat{b}_2 \cdot 1^2 + \widehat{b}_3 \cdot 1^3) \\ \qquad\qquad\qquad \cdots\cdots \\ \widehat{x}^{(1)}(n) = (\widehat{a}_0 + \widehat{a}_1 \cdot n + \widehat{a}_2 \cdot n^2 + \widehat{a}_3 \cdot n^3)\widehat{x}^{(1)}(n-1) \\ \qquad\qquad + (\widehat{b}_0 + \widehat{b}_1 \cdot n + \widehat{b}_2 \cdot n^2 + \widehat{b}_3 \cdot n^3) \end{cases} \quad (7.16)$$

其中 $\widehat{x}^{(1)}(k)(k=1,2,3,\cdots,n)$ 为关于 ε 的一次多项式，为使模拟误差最小，建立如下优化模型：

$$\min \sum_{k=1}^{n} \left[x^{(1)}(k) - \widehat{x}^{(1)}(k) \right]^2 \quad (7.17)$$

令 $P = \min \sum_{k=1}^{n} \left[x^{(1)}(k) - \widehat{x}^{(1)}(k) \right]^2$，则 P 是关于 ε 的二次函数，且二次项系数大于零，故由极值的必要条件 $\left(\dfrac{\mathrm{d}P}{\mathrm{d}\varepsilon} = 0 \right)$ 得 ε 值，再由极值第二充分条件 $\left(\dfrac{\mathrm{d}^2 P}{\mathrm{d}\varepsilon^2} > 0 \right)$ 知函数 P 的最小值点为 ε。

由上述结论，得到 CDGM(1,1)模型预测步骤如下：

(1) 由定理 7.10 计算 $(\widehat{a}_0, \widehat{a}_1, \widehat{a}_2, \widehat{a}_3, \widehat{b}_0, \widehat{b}_1, \widehat{b}_2, \widehat{b}_3)$；

(2) 利用式(7.17)求出迭代基值修正项 ε；

(3) 利用加入修正项后的迭代基，再由式(7.13)、式(7.14)和式(7.15)进行模拟和预测；

(4) 计算模拟误差，并对模型进行精度检验。

7.4.4　算例分析

案例　以我国城镇居民家庭人均可支配收入的预测为例,拟比较几种离散模型的模拟和预测精度,数据如表 7.4 所示。

表 7.4　1997～2012 年我国城镇居民家庭人均可支配收入

年份	1997	1998	1999	2000	2001	2002	2003	2004
收入(万元)	0.5160	0.5425	0.5854	0.6280	0.6859	0.7703	0.8472	0.9422
年份	2005	2006	2007	2008	2009	2010	2011	2012
收入(万元)	1.0493	1.1760	1.3786	1.5781	1.7175	1.9109	2.1809	2.4565

以 1997～2006 年数据为建模数据,分别建立 DGM(1,1)、NDGM(1,1)和 CDGM(1,1)模型,参见式(7.18)和式(7.19)模型并用建模数据预测和模拟,计算出预测和模拟平均相对误差,具体数据如表 7.5 所示。

$$\begin{cases} \widehat{x}^{(1)}(k+1) = 1.0959\widehat{x}^{(1)}(k) + 4819.5 \\ \widehat{x}^{(1)}(1) = 5160 \end{cases} \tag{7.18}$$

$$\begin{cases} \widehat{x}^{(1)}(k+1) = 1.2151\widehat{x}^{(1)}(k) - 759.18k + 5077.5 \\ \widehat{x}^{(1)}(1) = 5161 \end{cases} \tag{7.19}$$

$$\begin{cases} \widehat{x}^{(1)}(k+1) = (3.6808 - 1.2693k + 0.0980k^2 - 0.0021k^3)\widehat{x}^{(1)}(k) \\ \qquad\qquad + (0.4510 - 1.2159k + 0.5542k^2 - 0.0248k^3) \\ \widehat{x}(1) = 0.5162 \end{cases} \tag{7.20}$$

$$\widehat{x}^{(0)}(k+1) = \widehat{x}^{(1)}(k+1) - \widehat{x}^{(1)}(k) \quad (k = 1,2,\cdots,n-1) \tag{7.21}$$

通过表 7.5 可以看出,DGM(1,1)模型的平均模拟相对误差为 1.9322%,NDGM(1,1)模型的平均模拟相对误差为 1.7265%,而三次时变参数模型 CDGM(1,1)的平均模拟相对误差仅为 1.0529%,明显地比 DGM(1,1)和 NDGM(1,1)的平均模拟相对误差值低。从预测误差来看,对三个模型做了 6 步预测,DGM(1,1)模型的平均预测相对误差为 16.777%,NDGM(1,1)模型的平均预测相对误差为 19.409%,CDGM(1,1)模型的平均预测相对误差为 14.216%,由此看出,对于中期预测,CDGM(1,1)模型的预测精度要比 DGM(1,1)和 NDGM(1,1)的预测精度高。

表 7.5 我国城镇居民家庭人均可支配收入的不同模型模拟预测值与平均相对误差比较

年份	实际值	DGM(1,1)		NDGM(1,1)		CDGM(1,1)	
		模拟值	相对误差(%)	模拟值	相对误差(%)	模拟值	相对误差(%)
1997	0.5160	0.5160	0	0.5161	0.01	0.5162	0.039
1998	0.5425	0.5314	2.046	0.5428	0.055	0.5425	0
1999	0.5854	0.5824	0.512	0.5836	0.307	0.5854	0
2000	0.6280	0.6383	1.640	0.6331	0.812	0.6253	0.429
2001	0.6859	0.6995	1.982	0.6933	1.079	0.6824	0.510
2002	0.7703	0.7665	0.493	0.7665	0.493	0.7631	0.934
2003	0.8472	0.8400	0.849	0.8553	0.956	0.8380	1.085
2004	0.9422	0.9206	2.293	0.9633	2.239	0.9251	1.814
2005	1.0493	1.0089	3.850	1.0946	4.317	1.0227	2.535
2006	1.1719	1.1056	5.657	1.2539	6.997	1.1346	3.183
1997~2006 年平均 模拟相对误差			1.9322		1.7265		1.0529
2007	1.3786	1.2117	12.106	1.4495	5.143	1.2577	8.769
2008	1.5781	1.3279	15.517	1.6854	6.799	1.3955	11.571
2009	1.7175	1.4523	15.441	1.9719	25.44	1.5381	10.445
2010	1.9109	1.5948	16.512	2.3203	16.715	1.6814	12.010
2011	2.1809	1.7477	19.863	2.7433	25.787	1.8011	17.414
2012	2.4565	1.9353	21.221	3.3575	36.678	1.8402	25.089
2013	2.6955	2.0790	22.871	3.8823	44.028	1.7193	36.215
2007~2012 年平均预测 相对误差			16.777		19.409		14.216

7.4.5 结 语

基于已有的研究成果构造了三次时变参数离散灰色预测模型(CDGM(1,1)),该模型有效解决了因增长率恒定而造成模拟预测误差较大的问题。值得注意的是,当建模数据近似符合指数规律时,目前已有的离散灰色预测模型均可以看作 CDGM(1,1)模型的特例,即 CDGM(1,1)模型是这些模型的一般形式。

通过对 CDGM(1,1)模型性质的研究,给出了模型参数估计值的计算公式,同时也证明了 CDGM(1,1)具有白指数规律的重合性、线性规律的重合性、二次规律的重合性。特别是证明了三次序列能够完全模拟且模拟精度较好,这是其他离散灰色预测模型所不具有的性质。另外 CDGM(1,1)模型具有伸缩变换的一致性。

利用最优化理论及 MATLAB 编程对 CDGM(1,1)模型的迭代基值进行了优化,建立了优化算法。从优化的基值的计算结果可以看出,用优化的基值进行迭代计算确实能够提高模型的模拟精度;对于中长期的预测,其预测精度明显提高。

7.5　本　章　小　结

本章主要研究一般灰数的灰色动态关联决策模型,是基于发展的眼光看问题,主要根据决策方案的动态发展趋势或未来行为对决策备选方案进行选择,分别构建静态、半动态和动态关联度,即决策既看重某一决策方案在当前的决策效果,又更加注重随着时间推移决策方案的效果变化情况。本章从背景值优化和灰色模型本身两个方面对模型进行改进,使灰色预测模型适应中长期预测,并提高其预测精度,提高了预测精度也就是改善了动态效果决策矩阵和动态最优预测效果向量,从而也就提高了多阶段动态关联决策的精度。

第 8 章　一般灰数的灰色关联决策模型在科技企业立项评估中的应用

8.1　研　究　背　景

科学研究是技术发展与成长的源头,它通过推动技术进步可以对提升国家经济实力和企业竞争力起到直接或间接的作用。一般来说,科学研究的所需费用主要来源于国家财政收入或者是科技企业的创收。在中国政府部门设置了较多的研究资助资金,如国家自然科学(社会科学)基金、各省自然科学(社会科学)基金、中国博士后科学基金等。

科研基金运用成效的关键一点是科研项目的遴选立项。作为科学研究,首先必须要客观、真实地对项目的科技水平进行评价;其次,所遴选的项目一般来说应该具有超前性、创新性、需求性和不可预知性;再次,还应该考虑该项目研究的可靠性、对国家或企业带来的经济效益以及科研基金的效率等;最后,对申报人来说,应该公平、公正和合理地得到一个客观的评价。它是一个比较复杂的系统工程,并且明显带有不确定和复杂信息,因此它是一个灰色复杂系统。

通过对历史文献的研究和梳理,可以看出科研项目遴选的方法既有定性的评估方法,如同行评议、权威决策、回溯分析等,同时也有定量的评估方法,如群决策模糊综合评价、模糊综合评价[173-176],即通过把专家给出的属性和权重转化为(三角)模糊数,利用群体共识性方法的分析构造出专家意见的集结算法,最后利用模糊综合评价和模糊多属性群决策方法对科研基金立项进行排优。

除此以外,还有(非)线性规划[177]、目标规划方法[178]、证据推理理论[179-180]、多属性多目标群决策[181]、层次分析法和灰色系统理论方法[182-184]等定量评估方法。就科研项目遴选评审的过程看,科研项目的立项评审一般按照初审(形式审查)、同行专家评议、专家评审组或专业委员会评审的程序进行,在这一过程中各专家会根据个人的经验、学术水平和偏好,并根据所给的评价指标体系对每个项目进行综合打分。但是该遴选立项的方法存在诸多弊端。首先,专家对项目的判断映射失真。因为每位专家对项目的每个指标只能给出一个结论性评价意见(即只能给出唯一的数值或等级),这与实际情况不一定相符。其次,有的评价指标是不确定的,指标值所含信息也是不完全的,所以很难准确地去描述。再次,已有的方法存在目标相互冲突时的多项目无法选择问题。最后,不完全信息难以描述,量化方法粗糙,对各专家的打分进行集结综合时方法过于简单,对获得信息的量化方法较为粗糙。特别地,对一些结构信息不完全、元素信息不完全、边界信息不完全、运行行为信息不完全等不完全信息缺乏准确的表征和量化方法。为了更加确切地解决这些"外延明确、内涵不明确"的信息问题,更加准确地描述这些信息,准确地对这些问题进行评估,本章首先构建一套含二级评价指标的评价指标体系;其次,采用扩展的一般灰数来准确地表达信息;最后,利用扩展的灰数关联决策评估模型对所给项目进行排序,拟确定优先立项顺序。本章拟构建一套科学、合理、公平、公正的科研项目遴选综合评价模型。

8.2　项目遴选评价指标体系的构建

科研立项评价受多种因素影响,它是一项极其复杂的系统工程。应在对影响科研立项评价的各种因素进行系统分析的基础上,遵循简明科学性原则、系统完整性原则、层次递进性原则、针对性与代表性原则、独立可比性原则和可操作性原则,设置科研项目遴选评价指标体系[185-186],本节通过层次分析法和聚类分析方法构建了 4 个一级指标和 15 个二级指标的指标评价体系,该指标体系能够客观地反映科研项目的评审本质内涵(表 8.1)。

表 8.1　科研项目遴选评价指标体系

一级指标	权重	二级指标	权重
需求性	0.3089	c_1 研究的必要性	0.1802
		c_2 研究的迫切性	0.1287
创新性	0.3148	c_3 研究理论与方法的创新性	0.2127
		c_4 预期成果水平	0.1021
可靠性	0.2473	c_5 研究团队	0.0648
		c_6 研究条件	0.0384
		c_7 研究方案	0.0811
		c_8 资金预算	0.0246
		c_9 进度安排	0.0150
		c_{10} 相关理论成熟度	0.0236
效益性	0.1289	c_{11} 成果知识产权	0.0345
		c_{12} 转让和产业化前景	0.0196
		c_{13} 预期经济效益	0.0338
		c_{14} 预期社会效益	0.0245
		c_{15} 对相关产业的带动性	0.0165

8.3　科技立项遴选评价过程

8.3.1　科技立项遴选评价过程的相关说明

科技企业的效益要靠研究国家和社会迫切急需的科技产品或是应用基础研究的科技项目来支撑。项目立项评价既是分配资源、选择立项决策,也是对项目以后的经济效益和社会效益的一种预测。从科技"立项"的源头上把关,对提高科技质量、科技发展和科研经费的合理使用都会产生重要的影响。

本节针对科技企业的科研项目立项选择问题进行研究,由于要准确选择出资助立项项目,所以要对所有提交的项目进行评估。所有提交的项目经过几轮筛选,最后还剩三个项目,由于资助资金有限,必须在这三个剩下的项目中选择一个进行资助立项,为此又邀请了三位专家对此项目进行评审。现邀请三个专家给每个项目的每个指标打分,由于专家本身知识、经验、偏好等的不同,他们给出的每个指标值也会有波动,因此用区间灰数来表示。最终每一个指标属性值就是将三个专家的打分值集成,并用一个一般灰数表示,这样更能全面而准确地表达决策信息。为了计算方便,在专家打分过程中要求全部按正向记分(即对于成本型指标进行反向记分),分值区间采用标准的区间灰数形式,所有指标的论域为 $Q=[0,1]$,具体每一项指标的值如表 8.2 所示。

8.3.2　科技立项遴选评价步骤

科技立项遴选评价步骤如下:

(1) 构建评价指标矩阵(表 8.2)。

表 8.2　科研项目遴选各指标值

属性	项目 1	项目 2	项目 3
c_1	$[0.85,0.91]\cup[0.88,0.91]$ $\cup[0.87,0.93]$	$[0.88,0.92]\cup[0.9,0.93]$ $\cup[0.89,0.92]$	$[0.9,0.94]\cup[0.86,0.91]$ $\cup[0.9,0.95]$
c_2	$[0.9,0.92]\cup[0.92,0.95]$ $\cup[0.87,0.92]$	$[0.85,0.91]\cup[0.88,0.91]$ $\cup[0.87,0.93]$	$[0.94,0.97]\cup[0.9,0.95]$ $\cup[0.91,0.94]$
c_3	$[0.91,0.95]\cup[0.92,0.95]$ $\cup[0.92,0.94]$	$[0.92,0.96]\cup[0.93,0.96]$ $\cup[0.92,0.95]$	$[0.94,0.97]\cup[0.9,0.95]$ $\cup[0.92,0.97]$
c_4	$[0.92,0.96]\cup[0.94,0.97]$	$[0.93,0.98]\cup[0.94,0.96]$ $\cup0.97$	$[0.95,0.98]\cup[0.94,0.97]$
c_5	$[0.93,0.96]\cup[0.92,0.96]$ $\cup[0.94,0.97]$	$[0.94,0.97]\cup[0.93,0.97]$ $\cup[0.93,0.96]$	$[0.95,0.99]\cup[0.94,0.98]$ $\cup[0.94,0.99]$

续表

属性	项目1	项目2	项目3
c_6	$[0.89,0.92]\cup[0.86,0.91]$ $\cup[0.92,0.94]$	$[0.92,0.94]\cup[0.90,0.94]$ $\cup[0.88,0.90]$	$[0.85,0.92]\cup[0.84,0.88]$
c_7	$[0.81,0.85]\cup[0.83,0.88]$ $\cup[0.85,0.89]$	$[0.77,0.83]\cup[0.80,0.83]$ $\cup[0.8,0.85]$	$[0.83,0.87]\cup[0.80,0.83]$ $\cup[0.82,0.85]$
c_8	$[0.85,0.92]\cup[0.81,0.85]$ $\cup[0.83,0.86]$	$[0.8,0.85]\cup[0.83,0.87]$	$[0.82,0.89]\cup[0.89,0.91]$
c_9	$[0.9,0.93]\cup[0.81,0.84]$ $\cup[0.85,0.9]$	$[0.85,0.9]\cup[0.88,0.94]$ $\cup[0.83,0.85]$	$[0.86,0.91]\cup[0.91,0.94]$ $\cup[0.94,0.96]$
c_{10}	$[0.86,0.89]\cup[0.9,0.94]$	$[0.84,0.89]\cup[0.9,0.94]$ $\cup0.95$	$[0.92,0.95]\cup[0.96,0.97]$ $\cup0.97$
c_{11}	$[0.9,0.93]\cup[0.94,0.96]$ $\cup0.97$	$[0.91,0.95]\cup[0.95,0.99]$	$[0.92,0.97]\cup[0.91,0.97]$ $\cup[0.95,0.98]$
c_{12}	$[0.82,0.85]\cup[0.92,0.95]$ $\cup[0.85,0.88]$	$[0.86,0.9]\cup[0.8,0.83]$ $\cup[0.9,0.94]$	$[0.91,0.94]\cup[0.85,0.88]$ $\cup[0.82,0.85]$
c_{13}	$[0.7,0.75]\cup[0.78,0.83]$	$[0.76,0.8]\cup[0.80,0.83]$ $\cup0.84$	$[0.75,0.82]\cup[0.82,0.84]$ $\cup0.86$
c_{14}	$[0.93,0.96]\cup[0.96,0.97]$	$[0.92,0.96]$	$[0.9,0.93]\cup[0.93,0.95]$ $\cup[0.95,0.97]$
c_{15}	$[0.91,0.94]\cup[0.94,0.95]$	$[0.91,0.93]\cup[0.93,0.96]$	$[0.91,0.93]\cup[0.93,0.95]$ $\cup[0.96,0.97]$

(2) 对扩展一般灰数的决策矩阵进行规范化处理。

具体方法参见 5.4 节(本例已经进行了处理)。

s_{kj} 为方案 k 的第 j 个指标值,且为一般灰数,即

$$s_{kj} = \bigcup_{i=1}^{n} [\underline{a}_i, \overline{a}_i]$$

其中,$k=1,2,\cdots,l; j=1,2,\cdots,m$。

若 s_{kj} 为效益型指标,则规范化计算公式为

$$r_{kj} = \bigcup_{i=1}^{n} \left[\frac{\underline{a}_i}{(b_{kji})_{\max}}, \frac{\overline{a}_i}{(b_{kji})_{\max}} \right]$$

其中，$(b_{kji})_{\max} = \max\limits_{1 \leqslant k \leqslant l, 1 \leqslant j \leqslant m}(\overline{a_i})$ ；

若 s_{kj} 为成本型指标，则规范化计算公式为

$$r_{kj} = \bigcup_{i=1}^{n} \left[\frac{(b_{kji})_{\min}}{\overline{a_i}}, \frac{(b_{kji})_{\min}}{\underline{a_i}} \right]$$

其中，$(b_{kji})_{\min} = \min\limits_{1 \leqslant k \leqslant l, 1 \leqslant j \leqslant m}(\underline{a_i})$ 。

（3）确定正、负理想方案。

正理想方案：

$A^+ = (A_1^+, A_2^+, \cdots, A_l^+)$

$\quad = \{ [\max\limits_{k=1,\cdots,l} \underline{r}_{kji}, \max\limits_{k=1,\cdots,l} \overline{r}_{kji}] \mid r_{kji} \in X, [\min\limits_{k=1,\cdots,l} \underline{r}_{kji}, \min\limits_{k=1,\cdots,l} \overline{r}_{kji}] \mid r_{kji} \in C \}$

负理想方案：

$A^- = (A_1^-, A_2^-, \cdots, A_l^-)$

$\quad = \{ [\min\limits_{k=1,\cdots,l} \underline{r}_{kji}, \min\limits_{k=1,\cdots,l} \overline{r}_{kji}] \mid r_{kjl} \in X, [\max\limits_{k=1,\cdots,l} \underline{r}_{kji}, \max\limits_{k=1,\cdots,l} \overline{r}_{kji}] \mid r_{kji} \in C \}$

其中，X, C 分别表示效益型指标和成本型指标。

在本案例中，其正理想方案为

$A^+ = \{ [0.9, 0.95], [0.94, 0.97], [0.93, 0.97], [0.95, 0.98], [0.95, 0.99],$
$\quad [0.92, 0.94], [0.83, 0.88], [0.89, 0.91], [0.94, 0.96], [0.96, 0.97],$
$\quad [0.95, 0.99], [0.92, 0.95], [0.82, 0.86], [0.96, 0.97], [0.96, 0.97] \}$

$A^- = \{ [0.85, 0.91], [0.85, 0.91], [0.9, 0.94], [0.92, 0.96], [0.93, 0.96],$
$\quad [0.84, 0.88], [0.77, 0.83], [0.8, 0.85], [0.81, 0.84], [0.84, 0.89],$
$\quad [0.9, 0.93], [0.82, 0.85], [0.7, 0.75], [0.9, 0.93], [0.91, 0.93] \}$

（4）决策矩阵和正、负理想方案化为灰数简化形式，即 $g^{\pm} = \hat{g}_{i(g_i^\circ)}$ 形式（表 8.3）。

表 8.3　决策矩阵的灰数简化形式

属性	项目 1	项目 2	项目 3
c_1	$0.89_{(0.06)}$	$0.907_{(0.04)}$	$0.91_{(0.05)}$
c_2	$0.913_{(0.05)}$	$0.89_{(0.06)}$	$0.935_{(0.05)}$
c_3	$0.932_{(0.04)}$	$0.942_{(0.04)}$	$0.942_{(0.05)}$
c_4	$0.948_{(0.04)}$	$0.963_{(0.05)}$	$0.960_{(0.03)}$
c_5	$0.947_{(0.04)}$	$0.95_{(0.04)}$	$0.965_{(0.05)}$
c_6	$0.907_{(0.05)}$	$0.913_{(0.04)}$	$0.873_{(0.07)}$

属性	项目 1	项目 2	项目 3
c_7	$0.852_{(0.05)}$	$0.813_{(0.06)}$	$0.833_{(0.04)}$
c_8	$0.853_{(0.07)}$	$0.836_{(0.04)}$	$0.878_{(0.07)}$
c_9	$0.872_{(0.05)}$	$0.875_{(0.06)}$	$0.92_{(0.05)}$
c_{10}	$0.898_{(0.03)}$	$0.921_{(0.05)}$	$0.96_{(0.03)}$
c_{11}	$0.951_{(0.03)}$	$0.95_{(0.04)}$	$0.95_{(0.06)}$
c_{12}	$0.878_{(0.03)}$	$0.872_{(0.04)}$	$0.875_{(0.03)}$
c_{13}	$0.765_{(0.05)}$	$0.819_{(0.03)}$	$0.834_{(0.07)}$
c_{14}	$0.955_{(0.03)}$	$0.94_{(0.04)}$	$0.938_{(0.03)}$
c_{15}	$0.935_{(0.03)}$	$0.933_{(0.03)}$	$0.942_{(0.02)}$

$A^+ = \{\ 0.925_{(0.05)},\ 0.955_{(0.04)},\ 0.95_{(0.04)},\ 0.965_{(0.04)},\ 0.97_{(0.04)},\ 0.93_{(0.02)},$
$0.855_{(0.05)},\ 0.9_{(0.02)},\ 0.9_{(0.02)},\ 0.965_{(0.01)},\ 0.97_{(0.04)},\ 0.935_{(0.03)},\ 0.84_{(0.04)},$
$0.965_{(0.01)},\ 0.965_{(0.01)}\ \}$

$A^- = \{ 0.88_{(0.06)},\ 0.88_{(0.06)},\ 0.92_{(0.04)},\ 0.94_{(0.04)},\ 0.945_{(0.03)},\ 0.86_{(0.03)},\ 0.8_{(0.06)},$
$0.825_{(0.05)},\ 0.825_{(0.02)},\ 0.865_{(0.05)},\ 0.915_{(0.03)},\ 0.835_{(0.03)},\ 0.725_{(0.03)},$
$0.915_{(0.03)},\ 0.92_{(0.02)}\ \}$

（5）一般灰数的数据预处理。

将项目方案和正、负理想方案转化为一般灰数序列,然后进行数据处理,即进行始点零化和始点初值化处理。

设一般灰数序列 $g^{\pm} = \{g_1^{\pm}, g_2^{\pm}, \cdots, g_n^{\pm}\}$,且一般灰数的简化形式为 $g^{\pm} = \hat{g}_{i(g_i^\circ)}$,则其始点零化像为

$$g^{\pm 0} = \{g_1^{\pm 0}, g_2^{\pm 0}, \cdots, g_n^{\pm 0}\}$$

$$= \{g_1^{\pm} - g_1^{\pm}, g_2^{\pm} - g_1^{\pm}, \cdots, g_n^{\pm} - g_1^{\pm}\} = \{\hat{g}_{1(g_1^\circ)}, \hat{g}_{2(g_2^\circ)}, \cdots, \hat{g}_{n(g_n^\circ)}\}$$

始点初值化像为

$$g^{\pm'} = \{g_1^{\pm'}, g_2^{\pm'}, \cdots, g_n^{\pm'}\} = \left\{ \frac{g_1^{\pm}}{g_1^{\pm}}, \frac{g_2^{\pm}}{g_1^{\pm}}, \cdots, \frac{g_n^{\pm}}{g_1^{\pm}} \right\}$$

$$= \{\hat{g}_{1(g_1^\circ)}, \hat{g}_{2(g_2^\circ)}, \cdots, \hat{g}_{n(g_n^\circ)}\}$$

其中,$\hat{g}_1 \neq 0$。

（6）各指标权重的确定。

在评价过程中,每个指标的作用并不一定完全一样,有的指标在某些评价

中应该占较大权重,而有的应该占较小权重才能较为客观公正。为了准确地给出每个属性的权重,本节采用主客观权重的集结方法,即采用"改进层次分析法-灰色熵权法",具体过程如下:

首先,主观权重 w_j' 的确定。本节利用层次分析法确定主观评价指标权重 w_j'(参见 3.4.1)。

其次,客观权重 w_j'' 的确定。本节利用灰色熵权法确定指标的客观权重。在综合评价中,可以应用信息熵评价来获得系统信息的有序程度和信息的效用值。在信息系统中的信息熵是信息无序度的度量标准,信息熵越大,信息无序度越高,信息效用值越小;反之,信息熵越小,信息无序度越低,信息效用值越大。如果系统可能处于多种不同的状态(如 m 种),而每种状态出现的概率为 $p_i(i=1,2,\cdots,m)$ 时,则该系统的熵定义为

$$E=-K\sum_{i=1}^{m}p_i\ln p_i(0\leqslant p_i\leqslant 1),\quad \sum_{i=1}^{m}p_i=1 \tag{8.1}$$

式中,K 为正常数,且当 $p_i=\dfrac{1}{m}(i=1,2,\cdots,m)$ 时,$E_{\max}=\ln m$。熵值越大,代表指标在问题中提供的信息越小,因此可以利用熵来衡量某一评价指标对评价对象的影响程度,即权数。

设待评价对象有 n 个项目、m 个评价指标,对原始指标数据进行规范化处理,得到一个规范化决策矩阵 $R=(r_{ij})_{n\times m}$。对于某个指标(如第 j 个指标),信息熵为

$$E_j=-K\sum_{i=1}^{m}p_{ij}\ln p_{ij}$$

其中,$p_{ij}=\dfrac{r_{ij}}{\sum_{i=1}^{n}r_{ij}}$ $(i=1,2,\cdots,n;j=1,2,\cdots,m)$。根据熵的定义,可以看出如果某个指标的熵 E_j 越小,就表明其指标值的变异程度越大,提供的信息量越多,在评价中所起的作用越大,则其权重也应该越大,反之则越小。设利用熵权法来确定各指标的客观权重 w_j'',具体步骤如下:

① 根据规范化决策矩阵 $R=(r_{ij})_{n\times m}$,计算第 j 个指标下第 i 个项目的指标值比重 p_{ij},即 $p_{ij}=\dfrac{r_{ij}}{\sum_{i=1}^{n}r_{ij}}$ $(i=1,2,\cdots,n;j=1,2,\cdots,m)$。

② 计算第 j 项指标输出熵 E_j,即 $E_j=-K\sum_{i=1}^{m}p_{ij}\ln p_{ij}(j=1,2,\cdots,m)$,其

中，$K = \dfrac{1}{\ln n}$。

由于 $0 \leqslant p_{ij} \leqslant 1$，因此，$0 \leqslant \sum\limits_{i=1}^{m} p_{ij} \ln p_{ij} \leqslant \ln n$，故 $0 \leqslant E_j \leqslant 1 (j=1,2,\cdots,m)$。

③ 计算第 j 项指标的偏差度（差异性系数）d_j，即 $d_j = 1 - E_j (j=1,2,\cdots,m)$。

④ 计算第 j 项指标的客观权重 w_j^b。

$$w_j^b = \frac{d_j}{\sum\limits_{j=1}^{m} d_j} \quad (j=1,2,\cdots,m)$$

显然，$0 \leqslant w_j^b \leqslant 1, \sum\limits_{j=1}^{m} w_j^b = 1$。

⑤ 最后，计算组合权重 w_j。在本节中，利用乘法集成的方法计算各指标的权重 w_j，即 $w_j = w_j^s \cdot w_j^s$。

（7）关联度计算。

按定理 5.2 和定理 5.3 分别计算项目方案和正、负理想方案的绝对关联度、相对关联度以及综合关联度。

$A = (A^+ \quad A_1 \quad A_2 \quad A_3)^{\mathrm{T}}$

$$= \begin{bmatrix} 0.925_{(0.05)} & 0.955_{(0.04)} & 0.95_{(0.04)} & 0.965_{(0.04)} & 0.97_{(0.04)} & 0.93_{(0.02)} & 0.855_{(0.05)} & 0.9_{(0.02)} \\ 0.89_{(0.06)} & 0.913_{(0.05)} & 0.932_{(0.04)} & 0.948_{(0.04)} & 0.947_{(0.04)} & 0.907_{(0.05)} & 0.852_{(0.05)} & 0.853_{(0.07)} \\ 0.907_{(0.04)} & 0.89_{(0.06)} & 0.942_{(0.04)} & 0.963_{(0.05)} & 0.95_{(0.04)} & 0.913_{(0.04)} & 0.813_{(0.06)} & 0.836_{(0.04)} \\ 0.91_{(0.05)} & 0.935_{(0.05)} & 0.942_{(0.05)} & 0.96_{(0.03)} & 0.965_{(0.05)} & 0.873_{(0.07)} & 0.833_{(0.04)} & 0.878_{(0.07)} \end{bmatrix}$$

$$\rightarrow \begin{bmatrix} 0.9_{(0.02)} & 0.965_{(0.01)} & 0.97_{(0.04)} & 0.935_{(0.03)} & 0.84_{(0.04)} & 0.965_{(0.01)} & 0.965_{(0.01)} \\ 0.872_{(0.05)} & 0.898_{(0.03)} & 0.951_{(0.03)} & 0.878_{(0.03)} & 0.765_{(0.05)} & 0.955_{(0.03)} & 0.935_{(0.03)} \\ 0.875_{(0.06)} & 0.92_{(0.05)} & 0.95_{(0.04)} & 0.872_{(0.04)} & 0.819_{(0.03)} & 0.94_{(0.04)} & 0.933_{(0.03)} \\ 0.921_{(0.05)} & 0.96_{(0.03)} & 0.95_{(0.06)} & 0.875_{(0.03)} & 0.834_{(0.07)} & 0.938_{(0.03)} & 0.942_{(0.02)} \end{bmatrix}$$

$A = (A^- \quad A_1 \quad A_2 \quad A_3)^{\mathrm{T}}$

$$= \begin{bmatrix} 0.88_{(0.06)} & 0.88_{(0.06)} & 0.92_{(0.04)} & 0.94_{(0.04)} & 0.945_{(0.03)} & 0.86_{(0.03)} & 0.8_{(0.06)} & 0.825_{(0.05)} \\ 0.89_{(0.06)} & 0.913_{(0.05)} & 0.932_{(0.04)} & 0.948_{(0.04)} & 0.947_{(0.04)} & 0.907_{(0.05)} & 0.852_{(0.05)} & 0.853_{(0.07)} \\ 0.907_{(0.04)} & 0.89_{(0.06)} & 0.942_{(0.04)} & 0.963_{(0.05)} & 0.95_{(0.04)} & 0.913_{(0.04)} & 0.813_{(0.06)} & 0.836_{(0.04)} \\ 0.91_{(0.05)} & 0.935_{(0.05)} & 0.942_{(0.05)} & 0.96_{(0.03)} & 0.965_{(0.05)} & 0.873_{(0.07)} & 0.833_{(0.04)} & 0.878_{(0.07)} \end{bmatrix}$$

$$\rightarrow \begin{bmatrix} 0.825_{(0.02)} & 0.865_{(0.03)} & 0.915_{(0.03)} & 0.835_{(0.03)} & 0.725_{(0.03)} & 0.915_{(0.03)} & 0.92_{(0.02)} \\ 0.872_{(0.05)} & 0.898_{(0.03)} & 0.951_{(0.03)} & 0.878_{(0.03)} & 0.765_{(0.05)} & 0.955_{(0.03)} & 0.935_{(0.03)} \\ 0.875_{(0.06)} & 0.92_{(0.05)} & 0.95_{(0.04)} & 0.872_{(0.04)} & 0.819_{(0.03)} & 0.94_{(0.04)} & 0.933_{(0.03)} \\ 0.921_{(0.05)} & 0.96_{(0.03)} & 0.95_{(0.06)} & 0.875_{(0.03)} & 0.834_{(0.07)} & 0.938_{(0.03)} & 0.942_{(0.02)} \end{bmatrix}$$

首先，计算项目1与正理想方案的绝对关联度。

第一步：序列的始点零化像。

$A^+ = (0.000_{(0.05)}, 0.03_{(0.05)}, 0.025_{(0.05)}, 0.04_{(0.05)}, 0.045_{(0.05)}, 0.005_{(0.05)},$

$\qquad -0.07_{(0.05)}, -0.025_{(0.05)}, -0.025_{(0.05)}, 0.04_{(0.05)}, 0.045_{(0.05)}, 0.01_{(0.05)},$

$\qquad -0.085_{(0.05)}, 0.04_{(0.05)}, 0.04_{(0.05)})$

$A_1 = (0.000_{(0.07)}, 0.023_{(0.07)}, 0.042_{(0.07)}, 0.058_{(0.07)}, 0.057_{(0.07)}, 0.017_{(0.07)},$

$\qquad -0.038_{(0.07)}, -0.037_{(0.07)}, -0.018_{(0.07)}, 0.008_{(0.07)}, 0.061_{(0.07)},$

$\qquad -0.012_{(0.07)}, -0.125_{(0.07)}, 0.065_{(0.07)}, 0.045_{(0.07)})$

第二步：计算 $|S_0|$，$|S_1|$，$|S_1 - S_0|$。

$$|S_0| = 0.095_{(0.07)}, \quad |S_1| = 0.1235_{(0.07)}, \quad |S_1 - S_0| = 0.0285$$

第三步：计算正理想方案与方案1的绝对关联度 ε_{01}^+。

将数值代入公式

$$\varepsilon_{ij} = \frac{1 + |s_i(g_i^\pm)| + |s_j(g_j^\pm)|}{1 + |s_i(g_i^\pm)| + |s_j(g_j^\pm)| + |s_i(g_i^\pm) - s_j(g_j^\pm)|}$$

得到 $\varepsilon_{01}^+ = 0.9771_{(0.07)}$。

类似地，得到 $\varepsilon_{02}^+ = 0.9992_{(0.06)}$，$\varepsilon_{03}^+ = 0.9613_{(0.07)}$。

同理，可以计算负理想方案与各方案的绝对关联度：

$$\varepsilon_{01}^- = 0.9653_{(0.07)}, \quad \varepsilon_{02}^- = 0.9433_{(0.06)}, \quad \varepsilon_{03}^- = 0.9097_{(0.07)}$$

其次，计算项目1与正理想方案的相对关联度。

第一步：序列的初值像为

$A^+ = (1.000_{(0.05)}, 1.032_{(0.05)}, 1.027_{(0.05)}, 1.043_{(0.05)}, 1.047_{(0.05)}, 1.005_{(0.05)},$

$\qquad 0.924_{(0.05)}, 0.973_{(0.05)}, 0.973_{(0.05)}, 1.043_{(0.05)}, 1.049_{(0.05)}, 1.01_{(0.05)},$

$\qquad 0.908_{(0.05)}, 1.043_{(0.05)}, 1.043_{(0.05)})$

$A_1 = (1.000_{(0.07)}, 1.029_{(0.07)}, 1.047_{(0.07)}, 1.065_{(0.07)}, 1.064_{(0.07)}, 1.019_{(0.07)},$

$\qquad 0.957_{(0.07)}, 0.9584_{(0.07)}, 0.979_{(0.07)}, 1.009_{(0.07)}, 1.069_{(0.07)}, 0.987_{(0.07)},$

$\qquad 0.859_{(0.07)}, 1.073_{(0.07)}, 1.05_{(0.07)})$

第二步：序列的始点零化像为

$A^+ = (0.000_{(0.05)}, 0.032_{(0.05)}, 0.027_{(0.05)}, 0.043_{(0.05)}, 0.049_{(0.05)}, 0.005_{(0.05)},$

$\qquad -0.076_{(0.05)}, -0.027_{(0.05)}, -0.027_{(0.05)}, 0.043_{(0.05)}, 0.049_{(0.05)},$

$\qquad 0.011_{(0.05)}, -0.0919_{(0.05)}, 0.043_{(0.05)}, 0.043_{(0.05)})$

$A_1 = (0.000_{(0.07)}, 0.029_{(0.07)}, 0.047_{(0.07)}, 0.065_{(0.07)}, 0.064_{(0.07)}, 0.019_{(0.07)},$

$-0.042_{(0.07)}$，$-0.041_{(0.07)}$，$-0.02_{(0.07)}$，$0.009_{(0.07)}$，$0.069_{(0.07)}$，

$-0.014_{(0.07)}$，$-0.14_{(0.07)}$，$0.073_{(0.07)}$，$0.05_{(0.07)}$）

第三步：计算$|S_0|$，$|S_1|$，$|S_1-S_0|$：

$$|S_0|=0.1024_{(0.07)}，\quad |S_1|=0.1387_{(0.07)}，\quad |S_1-S_0|=0.0363$$

第四步：计算正理想方案与方案 1 的相对关联度 r_{01}^+。

将数值代入公式

$$r_{ij}=\frac{1+|s_i(g_i^\pm)|+|s_j(g_j^\pm)|}{1+|s_i(g_i^\pm)|+|s_j(g_j^\pm)|+|s_i(g_i^\pm)-s_j(g_j^\pm)|}$$

得到 $r_{01}^+=0.9716_{(0.07)}$。

类似地，得到

$$r_{02}^+=0.9990_{(0.06)}，\quad r_{03}^+=0.9597_{(0.07)}$$

同理，可以计算负理想方案与各方案的相对关联度：

$$r_{01}^-=0.9609_{(0.07)}，\quad r_{02}^-=0.9356_{(0.06)}，\quad r_{03}^-=0.8997_{(0.07)}$$

再次，计算与正、负理想方案的综合关联度：

$$\rho_{01}^+=0.9744，\quad \rho_{02}^+=0.9991，\quad \rho_{03}^+=0.9605$$

$$\rho_{01}^-=0.9631，\quad \rho_{02}^-=0.9395，\quad \rho_{03}^-=0.9047$$

(8) 计算相对贴近度并排序。

利用相对贴近度计算公式，分别计算绝对关联度的相对贴近度 $\gamma_i=$ $\dfrac{\varepsilon_{0i}^+}{\varepsilon_{0i}^-+\varepsilon_{0i}^+}$、相对关联度的相对贴近度 $\delta_i=\dfrac{r_{0i}^+}{r_{0i}^-+r_{0i}^+}$ 以及综合相对贴近度 λ_i：

$$\gamma_1=0.503_{(0.07)}，\quad \gamma_2=0.5144_{(0.06)}，\quad \gamma_3=0.5138_{(0.07)}$$

$$\delta_1=0.5028_{(0.07)}，\quad \delta_2=0.5164_{(0.06)}，\quad \delta_3=0.5161_{(0.07)}$$

$$\lambda_1=0.5029_{(0.07)}，\quad \lambda_2=0.5154_{(0.06)}，\quad \lambda_3=0.5149_{(0.07)}$$

故不论按照 λ_i，γ_i，δ_i 哪个排序，总有项目 2＞项目 3＞项目 1，即如果只能立一个项目，则应该优先确立项目 2。

8.4　本　章　小　结

本章把一般灰数的广义灰色关联决策模型应用于科技企业和科研单位的

项目遴选决策中。首先,介绍了科技企业遴选立项的背景,分析了已有科研项目遴选的模型和方法优缺点,确定采用层次分析法和灰色聚类法构建科技企业项目遴选的综合评价指标体系。由于指标本身的不确定性及专家的偏好等原因,统一将专家的打分用一个标准的区间灰数表示。其次,针对每个指标,将三个专家的打分表示为一个扩展的一般灰数。最后,利用前面构建的基于一般灰数的灰色关联决策模型及相对贴近度方法对三个项目进行综合评价,并根据相对关联贴近度的值对方案进行排序。该排序结果可以帮助企业管理者有针对性地对项目遴选进行决策。

第9章　总结、创新点与展望

　　灰色关联决策是灰色决策理论的一个重要分支,广泛应用于企业经济效益评价、企业满意度评价、科技企业项目立项决策、企业竞争力评价、供应商选择、企事业单位财务评价、工程科技综合评价等领域。虽然它得到了广泛的应用,但是灰色关联决策模型仍然存在不足,应该逐渐完善。本书主要针对决策信息为一般灰数的灰色关联决策模型进行深入的研究和探讨,逐步从对象和模型角度对灰色关联决策模型的理论与应用进行拓展。

9.1　总　　结

　　本书成果总结如下:

　　(1) 一般灰数排序与距离测度问题的研究。针对决策信息的复杂性以及对决策信息表达的精确性,根据一般灰数的本质思想,分析了一般区间灰数排序问题研究的缺陷,提出了一般灰数的核期望与核方差概念及其计算方法,进而给出基于核期望与核方差的一般灰数排序方法。基于核与灰度的本质内涵以及欧式距离性质,提出了一般灰数的距离测度及其性质。相比之下,本书的排序方法和距离测度方法克服了原有排序方法的不足,更具有广泛性和一般性。

　　(2) 基于面积的灰色关联决策模型研究。针对经典灰色关联度仅利用两点之间的距离值大小测度两个系统之间的相似性和接近性时所产生的不足,同时考虑评价指标之间存在一定程度的相关性。基于这几点考虑,对灰色关联决策模型进行了拓展与改进,从两序列折线相邻点间多边形面积的角度去度量不同序列之间的关联性,因为多边形面积作为关联系数既能够较为全面地反映指标之间的相互影响,又能够准确地反映两个序列曲线之间在距离上的接近程度和几何上的相似程度。

针对一般关联度,每个属性都取相等的权重,或者权重取值不能准确反映指标的真实作用程度。为此,从主观赋权和客观赋权的角度提出了两类权重确定的方法,一种是利用统计学大数定律原理和矩估计原理并结合组优化理论,构建了基于矩估计理论的组合权重优化模型;另外一种是基于"功能驱动"和"差异驱动"原理并结合灰色关联度模型,构建指标权重确定模型。以上两种模型的基本思想就是将主观赋权与客观赋权进行集成,以克服任何一种方法所带来的缺陷。同时利用 TOPSIS 思想,定义了灰色关联的相对贴近度模型,以此模型对方案进行排序,能够克服变化的不一致性,即某个方案与正理想方案很接近,并远离负理想方案。

(3) 基于信息分解的区间灰数的灰色关联决策模型研究。针对指标值为"部分已知、部分未知"的区间灰数决策信息得不到充分利用的问题,以及对区间灰数决策模型的研究所存在的缺陷,在决策信息不丢失的前提下,利用信息分解的方法将区间灰数分解成实数型的"白部"和"灰部",相应地将区间灰数序列分解成相应的实数型"白部序列"和"灰部序列"。利用灰色关联决策模型和双向投影决策模型的优点,将信息分解的区间灰数与关联度决策模型和双向投影决策模型有机融合集成,分别构建了正、负理想方案与方案的"白部"和"灰部"关联度模型,以及正、负理想方案与方案的"白部"和"灰部"投影决策模型。另外,考虑变换的一致性,定义了一致性系数模型。最后,将关联度模型、投影模型和一致性系数模型进行融合集成,构建了基于信息分解的区间灰数的灰色关联决策模型和基于信息分解的区间灰数的一致性投影决策模型。两个模型都利用一致性系数的大小对方案进行选优。

(4) 基于一般灰数的关联决策模型研究。针对人们对复杂系统认识的逐渐细化和精确化,由于系统发展演化的复杂性,其不确定性表现得越来越普遍,很难用一个实数或一个区间灰数准确地描述系统发展和演化的特征,为了准确地描述系统的特征,一般灰数的概念被提出。本书在一般灰数概念的基础上,基于核与灰度的思想,循着广义关联分析模型的路径,提出了一般灰色关联度模型、一般灰数的绝对和相对关联度模型以及一般灰数的相似性和接近性关联度模型及其相应的决策模型。

（5）基于一般灰数的灰色动态关联决策模型。由于事物和系统具有发展动态特征，针对这一动态特征，研究对备选方案进行决策选优的问题。决策既考虑静态，也考虑动态，整个决策过程看成是一个多阶段（三阶段）的决策过程，即静态、半动态和动态三个阶段。首先，给出三个状态下的理想效果向量；其次，构建每一个阶段的绝对关联度和相对关联度；最后，构建三阶段相对关联度、绝对关联度以及综合关联度模型。由于是动态的过程，所以决策的精度主要取决于对事物未来发展趋势的预测，关键是预测精度的提高。为此，本书从灰色预测模型的背景值及灰色预测模型本身对预测模型进行了改进，主要研究 GM(1,1) 模型背景值的优化改进模型，当原始数据波动较大时，利用回归模型的优势分别构建上（下）缘点连线的函数表达式，进而改进灰色包络带预测模型，通过引入时变参数，使得灰色预测模型能够进行精确的长期预测，从而构建了三次时变参数的离散灰色预测模型。

（6）基于面板数据的一般灰数的灰色关联决策模型研究。针对一般灰数灰色关联决策模型的缺失，将前面构建的一般灰数关联决策模型推广到面板数据的情形。一方面，研究了面板数据中的数据类型为一般灰数时（简称灰色面板数据）的灰色接近性与相似关联决策模型。首先，将面板数据转化为对象 i 关于 s 的时间序列；其次，从灰色折线的斜率、灰色折线之间所夹面积的角度，测度两条灰色折线之间的相似性和接近性；最后，分别构建灰色面板数据的接近性关联度和相似性关联度模型。另一方面，将经典的关联度模型推广到灰色面板数据的情形，根据一般灰数的距离测度，构建两个折线对应点之间的距离，然后构建基于时间的灰色面板数据关联度模型及其决策算法。

（7）一般灰数关联决策模型在科技企业项目遴选立项中的应用研究。首先，介绍了科技企业和科研项目立项的背景，梳理了现有科技项目遴选的一般方法和步骤，给出项目遴选综合评价时指标的选择原则，依据层次分析法和灰色聚类方法进行了评价指标的确定。其次，将三个专家打分记为一个扩展的一般灰数，然后利用一般灰数的广义关联决策模型，分别计算其与正、负理想方案的关联度。最后，通过相对关联贴近度对三个项目进行排序，验证了一般灰数的灰色关联决策模型的应用价值，并为灰色关联决策模型在实际决策问题中的应用提供了参考。

9.2 创 新 点

本书的主要创新点如下：

（1）根据一般灰数的基本特征和灰色理论思想，提出了一般灰数的距离测度和排序方法。该排序方法和距离测度适应范围比较广，对一般灰数的特例实数和区间灰数都完全适用。

（2）根据灰色关联度模型研究范式，系统构建了一般灰数的关联度模型、一般灰数的广义关联度模型及其相应的决策模型。

（3）根据面板数据的结构特点，针对面板数据类型为一般灰数的情形，提出了灰色面板数据的概念，提出灰色面板数据的一般关联度模型及其决策模型、灰色面板数据的相似性和接近性关联度模型，把关联度模型从数据类型和结构维数两个角度进行拓展，从而拓展了灰色关联度模型理论与应用的范围。

（4）对于一般的区间灰数，利用信息分解的方法将其分解为等值的"白部"和"灰部"，然后构建基于"白部"和"灰部"的灰色关联决策模型和双向投影模型，最后通过构建一致性系数模型再次将其集成为一个整体，用于方案排序。

（5）对于多属性指标的决策问题，为了解决其指标值之间可能带来相互影响而造成决策精度不高的问题，利用两个方案相邻指标之间的面积作为关联系数，构造新的关联度模型，对邓氏关联度进行有益的推广，以提高决策精度。

（6）对于动态方案的决策问题，基于发展的角度对整个方案的变化趋势进行把握，构建了基于一般灰数的多阶段动态灰色关联决策模型。该模型将关联决策模型与发展决策模型进行融合研究，是发展决策研究的一个拓展。

9.3 展 望

灰色关联度模型与灰色关联决策模型是灰色系统理论的一个重要分支，其研究成果比较丰富,但是其理论体系不是非常完善,特别是对于一般灰数的灰色关联度模型及其相应的决策模型,仍然有许多问题需要进一步研究,主要体现如下:

(1) 一般灰数的灰色关联度模型及其决策模型研究目前还处于起步阶段,很多问题亟待解决,如一般灰数的关联决策模型的性质目前还没有涉及。

(2) 高维空间的一般灰数关联度模型研究的成果非常少,虽然本书将一般灰数的灰色关联度模型从一维线性空间推广到二维平面空间进行研究,但这只是一个初步的探讨,仍需深入研究。特别地,对于三维、四维以至于 n 维空间的一般灰数关联度模型及其决策模型的研究目前还是空白。

(3) 对于利用信息分解的方法对区间灰数进行等值分解,"白部"和"灰部"如何确定仍然需要继续探讨,并需要进行深入研究。对于二维、三维以至于高维场数据,利用信息分解的方法能否适宜仍需进一步研究。

参 考 文 献

［1］ Deng J L. Intelligence space in grey situation decision ［J］. The Journal of Grey System, 1998,10(3):254-262.

［2］ 邓聚龙. 灰预测与灰决策［M］. 武汉:华中科技大学出版社,2002:56-61.

［3］ Liu S F, Lin Y. Grey information: theory and practical applications ［M］. London: Springer, 2006:89-92.

［4］ Jiang C, Han X, Liu G R. A nonlinear interval number programming method for uncertain optimization problems ［J］. European Journal of Operational Research, 2008, 188(1):1-13.

［5］ 方志耕,刘思峰,陆芳,等. 区间灰数表征与算法改进及其 GM(1,1)模型应用研究［J］. 中国工程科学,2005,7(2):57-61.

［6］ Xu Z S. Dependent uncertain ordered weighted aggregation operators［J］. Information Fusion, 2008,9(2):310-316.

［7］ 谢乃明,刘思峰. 考虑概率分布的灰数排序方法［J］. 系统工程理论与实践,2009,29(4): 169-175.

［8］ Yang Y J, Robert J. Grey sets and greyness［J］. Information Science, 2012, 185(1):249-264.

［9］ Shih C S, Hsu Y T, Yeh J, et al. Grey number prediction using the grey modification model with progression technique［J］. Applied Mathematical Modelling,2011,35(3):1314-1321.

［10］ 刘思峰,方志耕,谢乃明. 基于核和灰度的区间灰数运算法则［J］. 系统工程与电子技术, 2010, 32(2):313-316.

［11］ 闫书丽,刘思峰,朱建军,等. 基于相对核和精确度的灰数排序方法［J］. 控制与决策,2014, 29(2):315-319.

［12］ Yue Z L. An extended TOPSIS for determining weights of decision makers with interval numbers ［J］. Knowledge-based Systems, 2011, 24(1):146-153.

[13] Soheil S N, Damghani K K. Application of a fuzzy TOPSIS method base on modified preference ratio and fuzzy distance measurement in assessment of traffic police centers performance[J]. Applied Soft Computing,2010,10(4):1028-1039.

[14] 王正新,党耀国,宋传平. 基于区间数的多目标灰色局势决策模型[J]. 控制与决策,2009, 24(3):388-392.

[15] Tsaur R C. Decision risk analysis for an interval TOPSIS method[J]. Applied Mathematics and Computation, 2011, 218(8):4295-4304.

[16] 高峰记. 可能度及区间数综合排序[J]. 系统工程理论与实践,2013,33(8):2033-2039.

[17] 王俊杰,党耀国,李雪梅. 连续型区间灰数排序的应用研究[J]. 系统工程,2014,32(8): 148-152.

[18] 卜广志,张宇文. 基于三参数区间数的灰色模糊综合评判[J]. 系统工程与电子技术,2001, 23(9):43-45,62.

[19] 胡启洲,张卫华,于莉. 三参数区间数研究及其在决策分析中的应用[J]. 中国工程科学, 2007,9(3):47-51.

[20] 汪新凡. 三参数区间数据信息集成算子及其在决策中的应用[J]. 系统工程与电子技术, 2008,30(8):1468-1473.

[21] Lan R, Fan J L. TOPSIS decision-making method for three parameters interval-valued fuzzy sets [J]. Systems Engineering Theory&Practice,2009,29(5):129-136.

[22] 罗党. 三参数区间灰数信息下的决策方法[J]. 系统工程理论与实践,2009,29(1): 124-130.

[23] Luo D, Wang X. The multi-attribute grey target decision method for attribute value within three-parameter interval grey number[J]. Applied Mathematical Modeling,2012, 36(5):1957-1963.

[24] Li Z B, Zhang Z, Liu J,et al. The interal grey number ranking based on risk preferences: processeding of 2017 IEEE International Conference on Grey Systems and Intelligent Services[C]. Stockholm:[s. n.],2017.

[25] Fang Z G, Zhang Q, Cai J J. On general standard grey number representation and operations for multi-type uncertain data: processeding of 2017 IEEE International Conference on Grey Systems and Intelligent Services[C]. Stockholm: [s. n.],2017.

[26] Jiang S Q, Liu S F, Liu Z X,et al. Study on distance measuring and sorting method of general grey number[J]. Grey System:Theory and Application,2017,6(3):323-334.

[27] Jiang S Q, Liu S F. Distance measuring and sorting method of general grey number based on kernel and grey degree: processeding of 2017 IEEE International Conference on Grey Systems and Intelligent Services[C]. Stockholm: [s. n.],2017.

[28] 邓聚龙. 灰基础理论[M]. 武汉:华中理工大学出版社,2003:122-141.

[29] 赵艳林,韦树英,梅占馨. 灰色关联分析的一种新的理论模型[J]. 系统工程与电子技术,
      1998,9(10):34-36.

[30] 赵艳林,韦树英,梅占馨. 灰色欧几里得关联度[J]. 广西大学学报(自然科学版),1998(1):
      10-13.

[31] 张启义,周先华,王文涛. 基于改进灰色关联分析法的工程防护效能评估方法[J]. 解放军
      理工大学学报(自然科学版),2007,8(3):283-287.

[32] 高玉翠,陈建宏. 基于变异系数权重的灰色关联投影法在安全绩效评价中的应用[J]. 世
      界科技研究与发展,2014,36(3):241-246.

[33] 单鑫,彭军,徐学文,等. 导弹研制费用驱动因子分析改进灰色关联度模型[J]. 战术导弹
      技术,2016(1):34-37.

[34] 范凯,吴皓莹. 灰色系统关联度中一种新的分辨系数确定方法[J]. 武汉理工大学学报,
      2002,24(7):86-88.

[35] 张颖超,周媛,刘雨华. 基于范数灰关联度的指标权重确定方法[J]. 统计与决策,2006(1):
      20-21.

[36] 赵宏,马立彦,贾青. 基于变异系数法的灰色关联分析模型及其应用[J]. 黑龙江水利科
      技,2007,35(2):26-27.

[37] 周刚,程卫民. 改进的模糊灰色关联分析法在热舒适度影响因素评定中的应用[J]. 安全
      与环境学报,2005,5(4):90-93.

[38] 张岐山,梁亚东,等. 灰关联度计算的新方法[J]. 大庆石油学院学报,1999(4):61-63.

[39] 刘思峰,杨英杰,吴利丰. 灰色系统理论及其应用[M]. 7版. 北京:科学出版社,2014:
      75-85.

[40] 张可,刘思峰. 灰色关联聚类在面板数据中的扩展及应用[J]. 系统工程理论与实践,2010,
      30(7):1253-1259.

[41] 王正新,党耀国,沈春光. 三维灰色关联模型及其应用[J]. 统计与决策,2011(15):
      174-176.

[42] 张颖超,周媛,刘雨华. 基于范数灰关联度的指标权重确定方法[J]. 统计与决策,2006(1):
      20-21.

[43] 虞亚平,王冠中,李大治. 广义灰色关联度的简便计算方法[J]. 南通大学学报(自然科学
      版),2008,7(2):85-88.

[44] 王清印. 灰色B型关联分析[J]. 华中理工大学学报,1989,17(6):77-81.

[45] 王清印,赵秀恒. C型关联度分析[J]. 华中理工大学学报,1999,27(3):75-77.

[46] 吴利丰,王义闹,刘思峰. 灰色凸关联度及其性质[J]. 系统工程理论与实践,2012,32(7):
      1501-1506.

[47] 蒋诗泉,刘思峰,刘中侠,等. 基于面积的灰色关联决策模型[J]. 控制与决策,2015,30(4):
      683-690.

[48] 唐五湘. T 型关联度及其计算方法[J]. 数理统计与管理,1995(1):34-37.

[49] 孙玉刚,党耀国. 灰色 T 型关联度的改进[J]. 系统工程理论与实践,2008(4):135-139.

[50] 党耀国. 灰色斜率关联度的研究[J]. 农业系统科学与综合研究,1994,10(增刊):331-337.

[51] 党耀国,刘思峰,等. 灰色斜率关联度的改进[J]. 中国工程科学,2004(3):41-44.

[52] 肖新平,谢录臣,等. 灰色关联度计算的改进及其应用[J]. 数理统计与管理,1995(5):27-30.

[53] 崔杰. 一种新的灰色相似关联度及其应用[J]. 统计与决策,2008(20):15-16.

[54] 王靖程,诸文智,张彦斌. 基于面积的改进灰关联度算法[J]. 系统工程与电子技术,2010,32(4):777-779.

[55] 王建玲,刘思峰,邱广华,等. 基于信息集结的新型灰色关联度构建及应用[J]. 系统工程与电子技术,2010,32(1):77-81.

[56] 刘思峰,谢乃明,Forrest J. 基于相似性和接近性视角的新型灰色关联分析模型[J]. 系统工程理论与实践,2010,30(5):881-887.

[57] Zhang K,Liu S F. A novel algorithm of image edge detection based on matrix degree of grey incidences[J]. The Journal of Grey System,2009,19(3):265-276.

[58] 张可,刘思峰. 灰色关联聚类在面板数据中的扩展及应用[J]. 系统工程理论与实践,2010,30(7):1253-1259.

[59] 崔立志,刘思峰. 面板数据的灰色矩阵相似关联模型及其应用[J]. 中国管理科学,2015,23(11):172-176.

[60] 刘震,党耀国,钱吴永,等. 基于面板数据的灰色网格关联度模型[J]. 系统工程理论与实践,2014,34(4):991-996.

[61] 吴鸿华,穆勇,屈忠锋,等. 基于面板数据的接近性和相似性关联度模型[J]. 控制与决策,2016,31(3):555-558.

[62] 张岐山,郭喜江,邓聚龙. 灰关联熵分析方法[J]. 系统工程理论与实践,1996(8):7-11.

[63] 吕锋. 灰色系统关联度之分辨系数的研究[J]. 系统工程理论与实践,1997(6):49-54.

[64] 何文章,郭鹏. 关于灰色关联度中的几个问题的探讨[J]. 数理统计与管理,1999(3):25-29.

[65] 陈华友,吴涛,许义生. 灰关联空间与灰关联度计算的改进[J]. 安徽大学学报(自然科学版),1999,23(4):1-3.

[66] 王旭升,葛龙进. 广义关联分析:兼论灰色关联的本质[J]. 系统工程理论与实践,1999(12):90-95.

[67] 桂预风,夏桂芳,邓旅成. 赋范空间中的灰色关联度[J]. 武汉理工大学学报(交通科学与工程版),2004,28(3):399-412.

[68] 谭学瑞,邓聚龙. 灰色关联分析:多因素统计分析新方法[J]. 统计研究,1995(3):43-45.

[69] Xie N M,Zheng J,Xin J H. Novel generalized grey incidence model based on interval grey numbers[J]. Transactions of Nanjing University of Aeronautics and Astronautics,

2012,29(2):118-124.

[70]　蒋诗泉,刘思峰,刘中侠,等.基于信息分解的区间灰数一致性关联决策模型[J].控制与决策,2017,32(11):2107-2113.

[71]　党耀国,刘思峰,刘斌,等.多指标区间数关联决策模型研究[J].南京航空航天大学学报,2004,36(3):403-406.

[72]　蒋诗泉,刘思峰,刘中侠,等.基于一般灰数的关联决策模型及应用研究[J].统计与决策,2018(18):74-77.

[73]　蒋诗泉,刘思峰,刘中侠,等.灰色面板数据的关联决策模型拓展及应用[J].统计与决策,2018(21):68-71.

[74]　施红星,刘思峰,等.灰色周期关联度模型及其应用研究[J].中国管理科学,2008,16(3):131-136.

[75]　谢乃明,刘思峰.几类关联度模型的平行性和一致性[J].系统工程,2007,25(8):98-103.

[76]　Xie N M, Liu S F. Research on the multiple and parallel Properties of Several Grey Relational Models[J]. International Conference on Grey Systems and Intelligence Service,2007(11):183-188.

[77]　崔杰,党耀国,刘思峰.几类关联分析模型的新性质[J].系统工程, 2009,27(4):65-70.

[78]　周秀文.灰色关联度的研究与应用[D].长春:吉林大学,2007:76-78.

[79]　刘思峰,党耀国,方志耕,等.灰色系统理论及其应用[M].5版.北京:科学出版社,2010:256-257.

[80]　罗党,刘思峰.灰色关联决策方法研究[J].中国管理科学,2005,13(1):101-106.

[81]　罗党,刘思峰.不完备信息系统的灰色关联决策方法[J].应用科学学报,2005,23(4):408-412.

[82]　罗党.三参数区间灰数信息下的决策方法[J].系统工程理论与实践,2009,29(1):124-130.

[83]　高阳,罗军舟.基于灰色关联决策算法的信息安全风险评估方法[J].东南大学学报(自然科学版),2009,39(2):225-229.

[84]　陈孝新,刘思峰.部分权重信息且对方案有偏好的灰色关联决策法[J].系统工程与电子技术,2007,29(11):1868-1871.

[85]　孙晓东,焦玥,胡劲松.基于灰色关联度和理想解法的决策研究[J].中国管理科学,2005(4):63-67.

[86]　王先甲,张熠.基于 AHP 和 DEA 的非均一化灰色关联方法[J].系统工程理论与实践,2011,31(7):1221-1229.

[87]　钱吴永,党耀国,刘思峰.基于差异驱动原理与均值关联度的动态多指标决策模型[J].系统工程与电子技术,2012,34(2):337-340.

[88]　王正新,党耀国,裴玲玲,等.基于累积前景理论的多指标灰关联决策方法[J].控制与决策,2010,25(2):232-236.

［89］　杨保华,方志耕,周伟,等.基于信息还原算子的多指标区间灰数关联决策模型[J].控制与决策,2012,27(2):182-186.

［90］　王洁方,刘思峰,刘牧远.不完全信息下基于交叉评价的灰色关联决策模型[J].系统工程理论与实践,2010,30(4):732-737.

［91］　蒋诗泉,刘思峰,刘中侠,等.基于"功能驱动"与"差异驱动"原理的灰关联贴近度决策方法[J].控制与决策,2016,31(1):84-90.

［92］　王霞,党耀国.基于 Choquet 积分的区间灰数多属性决策方法[J].系统工程与电子技术,2015,37(5):1106-1110.

［93］　蒋诗泉,刘思峰,方志耕.基于信息分解的区间灰数一致性投影决策模型[J].控制与决策,2017,32(1):111-116.

［94］　杨保华,方志耕,周伟,等.基于信息还原算子的多指标区间灰数关联决策模型[J].控制与决策,2012,27(2):182-186.

［95］　曾波,刘思峰,孟伟,等.基于空间映射的区间灰数关联度模型[J].系统工程,2010,2(28):122-126.

［96］　Hu M L, Li L L. A novel dominance relation and application in interval grey number decision model [J]. The Journal of Grey System,2014,26(1):91-98.

［97］　Liu S F, Xie N M, Forrest J, et al. Novel models of grey relational analysis based on visual angle of similarity and nearness[J]. Grey System:Theory and Application,2011,1(1):8-18.

［98］　Xie N M,Liu S F. Novel methods on comparing grey numbers[J]. Applied Mathematical Modelling,2010,34(2):415-423.

［99］　Xie N M, Liu S F. Geometric comparison of both interval grey numbers[J]. The Journal of Grey System,2009,21(4):323-330.

［100］　Zhu Y M, Wang R R, Hipel W K, et al. Grey relational evaluation of innovation competency in an aviation industry cluster[J]. Grey System:Theory and Application,2012,2(2):272-283.

［101］　Zhang X, Jin F, Liu P D. A grey relational projection method for multi-attribute decision making based on intuitionstic trapezoidal fuzzy number [J]. Applied Mathematical Modelling,2013(37):3467-3477.

［102］　Zhan H B, Liu S F. An analysis of intermediate inputs influencing the gross products of agriculture and its composition based on grey incidence analysis taking Huangshan city as example[J]. Grey System:Theory and Application,2015,5(2):206-221.

［103］　Li D F, Wu Q C. Applying principal component analysis and grey relation analysis to analyze the influence factors of quality and safety of dairy products in China:processeding of 2017 IEEE International Conference on Grey Systems and Intelligent Services[C].

Stockholm:[s. n.],2017.

[104] Liu Y,Li H,Chen X, et al. The urban employment matching decision-making of rural migrant workers based on grey incidence analysis: processeding of 2017 IEEE International Conference on Grey Systems and Intelligent Services[C]. Stockholm: [s. n.],2017.

[105] Ma M, Wang B L. A grey relational analysis based evaluation metric for image captioning and video captioning: processeding of 2017 IEEE International Conference on Grey Systems and Intelligent Services[C]. Stockholm:[s. n.],2017.

[106] Zheng C Y, Zhu J. Grey relational analysis of factors affecting IPO pricing in China A-Share market: processeding of 2017 IEEE International Conference on Grey Systems and Intelligent Services[C]. Stockholm:[s. n.],2017.

[107] Saeidifar A. Application of weighting functions to the ranking of fuzzy numbers[J]. Computers and Mathematic with Applications, 2011, 62(5): 2246-2258.

[108] Song P, Liang J Y, Qian Y H. A two-grade approach to ranking interval data[J]. Knowledge-based Systems, 2012,27(3):234-244.

[109] Sevastianov P. Numerical methods for interval and fuzzy number comparison based on the Probabilistic approach and Dempster-Shafer theory[J]. Information Science,2007,177 (21):4645-4661.

[110] Senguta A, Pal T K. On comparing interval numbers[J]. European J. of Operation Research, 2000, 127(1):28-43.

[111] Liu S F,Fang Z G, Yang Y J, et al. General grey numbers and their operations[J]. Grey Systems: Theory and Application, 2012,2(3):341-349.

[112] 郭三党,刘思峰,方志耕. 基于核与灰度的区间灰数多属性决策方法[J]. 控制与决策, 2016,31(6):1042-1046.

[113] 刘思峰,党耀国,方志耕,等. 灰色系统理论及其应用[M]. 5 版. 北京:科学出版社, 2010: 256-259.

[114] Mareschal B. Weight stability intervals in multi-criteria decision [J]. European Journal of Operational Research,1998(33):54-64.

[115] Huang C L, Lin M J. Group decision making under multiple criteria: met hoods and applications [M]. Berlin: Springer,1997.

[116] Saaty T L. A scaling method for priorities in hierarchical structures[J]. Journal of Mathematical Psychology,1997(15):234-281.

[117] Herrera F, Martinez L, Sanchez P J. Managing non-homogeneous information in group decision making[J]. European Journal of Operational Research,2005,166(1):115-132.

[118] Xu Z S. A method for multiple attribute decision making with incomplete weight

information in linguistic setting[J]. Knowledge-Based Systems,2007,20(8):719-725.

[119] Johanna M. Harte, Pieter Koele, Gijsbert van Engelenburg. Estimation of attribute weights in a multi-attribute choice situation[J]. Acta Psychological,1996,93(3):37-55.

[120] 徐泽水,达庆利. 多属性决策的组合赋权方法研究[J]. 中国管理科学,2002(2):84-87.

[121] 曹秀英,梁静国. 基于粗集理论的属性权重确定方法[J]. 中国管理科学,2002(5):98-100.

[122] 樊治平,张全,马建. 多属性决策中权重确定的一种集成方法[J]. 管理科学学报,1998(3):50-53.

[123] 周宇峰,魏法杰. 基于模糊判断矩阵信息确定专家权重的方法[J]. 中国管理科学,2006(3):71-75.

[124] 汪泽焱,顾红芳,益晓新,等. 一种基于熵的线性组合赋权法[J]. 系统工程理论与实践,2003,23(3):112-116.

[125] 山成菊,董增川,樊孔明,等. 组合赋权法在河流健康评价权重计算中的应用[J]. 河海大学学报(自然科学版),2012,40(6):622-628.

[126] 郭亚军. 综合评价理论、方法与拓展[M]. 北京:科学出版社,2012:16-17.

[127] 罗庆成. 灰色系统新方法[M]. 浙江:农业出版社,1992:157-161.

[128] 孙晓东,焦玥,胡劲松. 基于灰色关联度和理想解法的决策研究[J]. 中国管理科学,2005(8):63-67.

[129] 王先甲,张熠. 基于AHP和DEA的非均一化灰色关联方法[J]. 系统工程理论与实践,2011,31(7):1221-1229.

[130] 赵新泉,彭勇行. 管理决策分析[M]. 北京:科学出版社,2008:216-218.

[131] 陈孝新,刘思峰. 部分权重信息且对方案有偏好的灰色关联决策法[J]. 系统工程与电子技术,2007,29(11):1868-1871.

[132] Zhang K, Ye W, Zhao L P. The absolute degree of grey incidence for grey sequence base on standard grey interval number operation [J]. Kybernetes,2012,41(7/8):934-944.

[133] Wang Z X. Correlation analysis of sequences with interval grey numbers based on the kernel and greyness degree[J]. Kybernetes,2013,42(2):309-317.

[134] Xie N M, Liu S F. A novel grey relational model based on grey number sequences[J]. Grey Systems:Theory and Application, 2011,1(2):117-128.

[135] 曾波,刘思峰,李川,等. 基于蛛网面积的区间灰数灰靶决策模型[J]. 系统工程与电子技术,2013,35(11):2329-2334.

[136] 曾波,刘思峰,孟伟,等. 基于空间映射的区间灰数关联度模型[J]. 系统工程,2010,2(28):122-126.

[137] 曾波,孟伟,王正新. 灰色预测系统建模对象拓展研究[M]. 北京:科学出版社,2014:55-56.

[138] 华小义,谭景信. 基于"垂面"距离的 TOPSIS 法:正交投影法[J]. 系统工程理论与实践,2004,24(1):114-119.

[139] 刘小弟,朱建军,刘思峰. 犹豫模糊信息下的双向投影决策方法[J]. 系统工程理论与实践,2014,34(10):2637-2644.

[140] 杨静,邱菀华. 基于投影技术的三角模糊数型多属性决策方法研究[J]. 控制与决策,2009,24(4):637-640.

[141] Liu S F, Lin Y. Grey information: theory and practical applications [M]. London: Springer,2006:89-92.

[142] Liu S F, Fang Z G, Lin Y. Study on a new definition of grey incidence[J]. Journal of Grey System,2006,9(2):115-122.

[143] Yang Y J, Liu S F. Reliability of operations of grey numbers using kernels[J]. Grey Systems:Theory and Application, 2011, 1(1):57-71.

[144] 谭冠军. GM(1,1)模型背景值构造方法和应用[J]. 系统工程理论与实践,2000,20(4):98-103.

[145] 谭冠军. GM(1,1)模型背景值构造方法和应用(Ⅱ)[J]. 系统工程理论与实践,2000,20(5):125-132.

[146] 谭冠军. GM(1,1)模型背景值构造方法和应用(Ⅲ)[J]. 系统工程理论与实践,2000,20(6):70-74.

[147] 李俊峰,戴文战. 基于插值和 Newton-Cotes 公式的 GM(1,1)模型的背景值构造新方法及应用[J]. 系统工程理论与实践,2002,22(10):122-126.

[148] 唐万梅,向长合. 基于二次插值的 GM(1,1)模型预测方法的改进[J]. 中国管理科学,2006,14(6):109-112.

[149] 罗党,刘思峰,党耀国. 灰色模型 GM(1,1)优化[J]. 中国工程科学,2003,5(8):50-53.

[150] 熊萍萍,党耀国,王正新. MGM(1,1)模型背景值优化[J]. 控制与决策,2011,26(6):806-810.

[151] 王叶梅,党耀国,王正新. 非等间距 GM(1,1)模型背景值的优化[J]. 中国管理科学,2008,16(4):159-162.

[152] 戴文战,熊伟,杨爱萍. 基于函数 $\cot(x^\alpha)$ 变换及背景值优化的灰色建模[J]. 浙江大学学报(工学版),2010,44(7):1368-1372.

[153] 穆海林,王文超,宁亚东,等. 基于改进灰色模型的能源消费预测研究[J]. 大连理工大学学报,2011,51(4):493-497.

[154] Wang Z X, Dang Y G, Liu S F. The optimization of background value in model[J]. Journal of Grey System,2007,10(2):69-74.

[155] Wang F X. Improvement on unequal interval gray forecast model[J]. Fuzzy Information and Engineering,2006,6(1):118-123.

[156] 李星毅,李奎,施化吉,等.背景值优化的 GM(1,1)预测模型及应用[J].电子科技大学学报,2011,40(6):911-914.

[157] 李庆扬,王能超,易大义.数值分析[M].武汉:华中理工大学出版社,2000.

[158] 国家统计局.中国统计年鉴 2011[M].北京:中国统计出版社,2012.

[159] 陈龙,李婷婷,顾冲式.包络预测大坝监测值及监控指标研究[J].水电自动化与大坝监测,2004,14(10):10-14.

[160] 朱荣胜,王福林.黑龙江省农机总动力趋势包络预测与分析[J].东北农业大学学报,2006,19(8):18-22.

[161] Deng J L. Introduction to grey system theory [J]. The Journal of Grey System,1989,1(1):1-24.

[162] 邓聚龙.灰预测与灰决策[M].武汉:华中科技大学出版社,2002:43-51.

[163] 王义闹,刘开第.优化灰导数白化值的 GM(1,1)建模法[J].系统工程理论与实践,2001,21(5):124-128.

[164] 宋中民,同小军,肖新平.中心逼近式灰色 GM(1,1)模型[J].系统工程理论与实践,2001,21(5):110-113.

[165] 穆勇.优化灰导数白化值的无偏灰色 GM(1,1)模型[J].数学的实践与认识,2003,33(3):13-16.

[166] 刘斌,刘思峰,翟振杰,等.GM(1,1)模型时间响应函数的最优化[J].中国管理科学,2003,5(8):50-53.

[167] 谢乃明,刘思峰.离散 GM(1,1)模型与灰色预测建模机理[J].系统工程理论与实践,2005,25(1):93-98.

[168] 姚天祥,刘思峰.改进的离散灰色预测模型[J].系统工程,2007,25(6):103-106.

[169] 张可,刘思峰.线性时变参数离散灰色预测模型[J].系统工程理论与实践,2010,30(9):1650-1657.

[170] 邬丽云,吴正朋,李梅.二次时变参数离散灰色模型[J].系统工程理论与实践,2013,33(11):2888-2893.

[171] 张可.矩阵型灰色关联分析建模技术研究[D].南京:南京航空航天大学,2010.

[172] 刘思峰,李庆胜,赵妮.灰色犹豫模糊集的核与灰度的灰色关联决策方法[J].南京航空航天大学学报,2016,48(5):685-688.

[173] 唐炎钊,陈锦雅.软科学研究项目立项模糊综合评估研究[J].科技管理研究,2008(1):93-95.

[174] 王雄,吴庆田.基于模糊语言的科研基金项目立项评估研究[J].科技进步与对策,2007,24(9):61-63.

[175] 王成,陈中文.科研基金项目评审的模糊群决策方法[J].武汉理工大学学报,2006,28(1):124-126.

[176] 刘香芹,陈侠.专家权威和共识在科研基金立项评估中的应用[J].计算机工程与应用,
       2009,45(24):222-224.

[177] 陈学中,盛昭瀚,李文喜.科研项目选择的 0-1 目标规划模型[J].科研管理,2005,26(4):
       117-121.

[178] 陈学中,李光红.投资项目选择的目标规划模型及其应用[J].数量经济技术经济研究,
       2001(2):45-47.

[179] 朱卫东,刘芳,王东鹏.科学基金项目立项评估:综合评价信息可靠性的多指标证据推理
       规则研究[J].中国管理科学,2016,24(10):141-147.

[180] 张洪涛,朱卫东,王慧,等.多维框架证据推理的科研项目立项评估方法[J].科研管理,
       2013,34(6):122-128.

[181] 程安亭,王雄.科研项目立项评估研究[J].科技进步与对策,2008,25(7):164-167.

[182] 张守华,孙兆辉,祝志明.层次灰色方法在科研项目评估中的应用研究[J].系统工程与
       电子技术,2005,27(10):1744-1747.

[183] 梁威.多层次灰色综合评价方法在科研项目立项评审中的应用[J].科技与管理,2009,11
       (6):44-46.

[184] 周春喜.基于灰色理论的科研项目立项评审[J].科学学与科学技术管理,2006,13(4):
       39-43.

[185] 宋宇.科技计划项目立项评估指标构建[J].产业与科技论坛,2016,15(6):69-70.

[186] 汪勇,徐琼,李云梅,等.新产品开发立项决策流程优化方法及应用研究[J].科技进步与
       对策,2014,31(20):64-68.